Autodesk 认证考试辅导

Inventor 应用机械工程师

深圳市索维思达软件咨询有限公司

内 容 提 要

本书为 Inventor 认证工程师考前辅导用书，共分为 19 章，其主要内容包括：Inventor 入门，草图基础，创建草图特征，创建放置特征，创建工作特征，创建和编辑工程图，创建和编辑装配模型，复杂草图，复杂零件建模，复杂工程视图，钣金设计，曲面建模，焊接设计，自动化设计技巧，并行协作设计技巧等。

本书适合大中专院校、职业技术院校的学生以及机械设计、建筑设计、土木工程、媒体与娱乐等行业的设计人参加 Autodesk 系列认证考试之 Inventor 认证机械工程师考试使用，并为读者提供了全真考试模拟光盘。

图书在版编目(CIP)数据

Inventor 应用机械工程师/深圳市索维思达软件咨询有限公司编. —北京：人民交通出版社，2008.9
(Autodesk 认证考试辅导)
ISBN 978-7-114-07391-5

I. I… II. 深… III. 机械设计：计算机辅助设计 - 应用软件，Inventor - 工程技术人员 - 资格考核 - 自学参考资料 IV. TH122

中国版本图书馆 CIP 数据核字(2008)第 143270 号

Autodesk Renzheng Kaoshi Fudao——**Inventor** Yingyong Jixie Gongchengshi

书　　名：**Autodesk 认证考试辅导——Inventor 应用机械工程师**
著 作 者：深圳市索维思达软件咨询有限公司
责任编辑：张　淼
出版发行：人民交通出版社
地　　址：(100011)北京市朝阳区安定门外外馆斜街 3 号
网　　址：http：//www.ccpress.com.cn
销售电话：(010)59757969，59757973
总 经 销：北京中交盛世书刊有限公司
经　　销：各地新华书店
印　　刷：北京宝莲鸿图科技有限公司
开　　本：787 × 1092　1/16
印　　张：8
字　　数：198 千
版　　次：2008 年 10 月　第 1 版
印　　次：2008 年 10 月　第 1 次印刷
书　　号：ISBN 978 - 7 - 114 - 07391 - 5
印　　数：0001—3000 册
定　　价：29.00 元

目　　录

第一章 应试指导

1.1 认证考试简介

Autodesk 认证考试是 Autodesk 公司的全球化项目,但同时又具有本地化的特征,是为提高中国大中专院校、职业技术院校在校学生,以及企事业单位工程技术人员的数字化设计能力而实施的应用、专业技术水平考试。它的指导思想是要有利于机械设计、建筑设计、土木工程、媒体与娱乐等领域对专业设计人才的需要,也要有利于促进国内大中专院校、职业技术院校各类课程教学质量的提高。考试对象主要为大中专院校、职业技术院校的学生以及机械设计、建筑设计、土木工程、媒体与娱乐等行业的设计人员。

Autodesk 认证考试是 Autodesk 公司唯一承认的考试,而且只有 Autodesk 授权培训中心(ATC)才能成为 Autodesk 考试的提供者。凡通过认证考试的考生均获得 Autodesk 公司授予的专业认证证书,证书可在 Autodesk 的授权培训中心的网站进行查询。同时,通过认证考试的学员可直接进入 Autodesk 公司专业人才库,并提交个人简历。专业人才库可为学员与用人单位之间搭建一条便捷的桥梁。

1.2 考试科目

Autodesk 认证考试科目包括 AutoCAD、Inventor、Civil3D、Revit、AutoCAD Mechanical、3ds Max、Maya、Alias、Combustion 等软件的考试。

Inventor 软件是 Autodesk 公司推出的面向机械设计的三维 CAD 软件,它融合了当前 CAD 所采用的最新造型技术,属于参数化三维特征造型软件。

1.3 考试方式与报名

Autodesk 认证考试为 ATC 在其所在地主持的局域网或互联网的上机考试。考试由 Autodesk 公司统一提供考试内容、统一判卷、统一发放证书。报名与考试在当地的授权培训中心(ATC)进行。

1.4 证书样本

Autodesk Certified Mechanical Software Engineer – Inventor 证书如图 1-1 所示。

1.5 试题类型

考试的类型与软件有关,通常都是概念题、绘图求解题、软件操作题三类。具体题型可参见考试大纲和考试样题。

如欲了解更多更新信息,请访问:http://www.autodesk.com.cn/atc

图 1-1

第二章　考试大纲

2.1　考试性质

Autodesk Inventor 软件认证项目考试是为提高在校学生以及企事业单位的工程技术人员的数字化设计能力而实施的应用、专业技术水平考试。它的指导思想是既要有利于机械设计等领域对专业工程设计人才的需求,也要有利于促进高等教育与职业教育各类相关课程教学质量的提高。考试对象为机械类专业在校学生以及企事业单位的工程技术人员。

2.2　考试基本要求

要求考生比较系统地理解 Autodesk Inventor 的基本概念和基本理论,掌握其使用的基本命令、基本方法,要求考生具有一定空间想象能力、抽象思维能力,要求考生达到综合运用所学的知识、方法提高设计应用与开发能力。

2.3　考试方式与考试时间

Autodesk Inventor 软件认证采用上机考试的形式,考试时间为 150 分钟。

2.4　考试等级分类

Autodesk Inventor 软件认证项目目前只进行工程师级的认证。

2.5　试题类型

Autodesk Inventor 软件认证题型为选择题,分别是概念题、绘图求解题、软件操作题三类,具体题型可参见本章 2.6.17 附件(题型)。

2.6　考试内容与考试要求

2.6.1　Inventor 入门(5.25%)

考试内容:

安装 Autodesk Inventor 系统所需的硬件配置和软件环境,新建、打开、保存图形文件,基本术语与图形界面。创建和使用项目文件,在装配件打开时搜索零部件位置的顺序,创建自定义快捷键。

考试要求：

(1)掌握创建和使用项目文件的方法。

(2)了解在装配件打开时搜索零部件位置的顺序。

(3)熟悉创建自定义快捷键的方法。

2.6.2 草图基础 (4%)

考试内容：

应用草图工具，绘制草图几何图元，使用垂直、平行、相切、重合、同心、共线、水平、竖直、等长和固定等约束，控制草图几何图元，向草图几何图元添加尺寸约束，向草图几何图元添加或删除几何约束。

考试要求：

(1)掌握草图工具绘制草图几何图元。

(2)掌握使用垂直、平行、相切、重合、同心、共线、水平、竖直、等长和固定等约束控制草图几何图元。

(3)掌握向草图几何图元添加尺寸约束。

(4)掌握向草图几何图元添加或删除几何约束。

(5)掌握草图特性的设置。

(6)掌握草图环境区域分析。

2.6.3 创建草图特征(2%)

考试内容：

应用“拉伸”和“旋转”工具创建草图特征。

考试要求：

(1)掌握应用“拉伸”和“旋转”工具创建草图特征。

(2)掌握应用“拉伸”工具中的“距离”、“到平面或表面”、“到”、“从表面到表面”和“贯通”等终止选项。

2.6.4 创建放置特征(6%)

考试内容：

应用“圆角”、“倒角”、“打孔”、“螺纹”、“抽壳”和“阵列”工具创建放置特征。

考试要求：

(1)掌握应用“圆角”工具中的“等半径”选项卡、“变半径”和“过渡”选项卡中的所有边界链选选项，来创建圆角特征。掌握面圆角和全圆角的创建。

(2)掌握应用“倒角”工具中的“距离”、“距离和角度”和“两距离”选项，以及扩展选项中的“链选边”和“过渡类型”选项，来创建“倒角”特征。

(3)掌握应用“打孔”工具，创建“直孔”、“沉头孔”、“倒角孔”、和“锪平孔”特征。掌握简单孔、配合孔、螺纹孔和锥螺纹孔。

(4)掌握应用“抽壳”工具,在同一零件上创建多个不同面厚度的“抽壳”特征,掌握抽壳的“允许近似值”设置。

(5)掌握应用“矩形”和“圆形”阵列工具创建阵列特征,以及沿着路径创建矩形阵列特征。

2.6.5　创建工作特征(2.75%)

考试内容:

应用“工作轴”、“工作平面”和“工作点”工具,创建工作特征。

考试要求:

(1)掌握应用“工作平面”工具创建工作平面。

(2)掌握应用“工作轴”工具创建工作轴。

(3)掌握应用“工作点”工具创建工作点。

(4)了解应用“固定工作点”工具在三维空间创建固定工作点。

2.6.6　创建和编辑工程图(4.25%)

考试内容:

应用工程图工具,创建和编辑工程图。

考试要求:

(1)掌握图纸和尺寸样式标准的设定方式。

(2)掌握应用工程图工具,创建基础和投影视图。

(3)掌握编辑视图及特性、删除视图的方法。

(4)在视图中应用自动中心线。

(5)了解如何在视图中应用自动中心线。

(6)熟悉创建孔和螺纹孔标注的方法。

(7)了解应用工程图资源。

2.6.7　创建和编辑装配模型(11%)

考试内容:

在装配模型中给零部件添加和编辑装配约束,应用欠约束的自适应特征,进行干涉检查,应用“测量距离”、“测量角度”、“测量周长”和“测量面积”分析工具。创建和编辑表达视图。在工程图环境中使用装配浏览器,使用引出序号和明细表。

考试要求:

(1)掌握在装配中给零部件添加“配合”、“对准角度”、“相切”和“插入”装配约束。

(2)掌握在装配中给零部件添加“运动”和“过渡”装配约束。

(3)掌握编辑装配约束的方法。

(4)熟悉应用欠约束的自适应特征的方法。

(5)掌握检查零件间干涉的方法。

(6)熟悉“测量距离”、“测量角度”、“测量周长”和“测量面积”等分析工具的应用。

(7)掌握如何创建表达视图。

(8)熟悉调整表达视图中零部件位置。

(9)了解如何创建、设置和编辑装配中零部件的引出序号。

(10)了解如何创建、设置和编辑装配中零部件的明细表。

(11)了解如何在工程图环境中,使用装配浏览器。

2.6.8 复杂草图(8.25%)

考试内容:

在其他的零件面上创建草图。在草图中应用构造几何图元,创建样条曲线和椭圆,插入文字和图像,使用镜像工具和对称约束。在草图和特征中使用参数和方程式,使用尺寸公差。应用共享草图。

考试要求:

(1)掌握在草图中应用构造几何图元。

(2)掌握在草图中创建 2D 样条曲线和椭圆。

(3)熟悉如何创建相切的 3D 样条曲线。

(4)熟悉应用共享草图的方法。

(5)熟悉在草图中应用镜像工具和对称约束。

(6)了解在草图中插入图像文件的类型。

(7)掌握将草图建立在其他零件的面上,以及切片观察和投影其边界。

(8)熟悉调整表达视图中零部件位置。

(9)了解如何在草图和特征中应用参数和方程表达式。

(10)了解如何在草图和特征中使用零件尺寸公差。

2.6.9 复杂零件建模(8%)

考试内容:

创建“加强筋”、“扫掠”、“放样”和“拔模斜度”特征。创建三维草图。复制特征,使用文件特性,改变零件表面的颜色。

考试要求:

(1)掌握创建加强筋和网格特征的方法。

(2)掌握创建三维草图的方法。

(3)掌握创建扫掠特征的方法。

(4)掌握创建放样特征

(5)熟悉如何创建拔模斜度特征。

(6)熟悉如何复制特征。

(7)了解如何使用文件特性。

(8)掌握改变零件表面的颜色的方法。

2.6.10　复杂工程视图(6.75%)

考试内容:

应用工程视图工具,创建“斜视图”、“剖视图”、“局部视图”、“打断视图”、“局部剖视图”。管理视图,标注视图,延迟更新等。

考试要求:

(1)掌握如何创建斜视图和剖面视图。

(2)掌握如何创建局部和打断视图。

(3)掌握如何创建局部剖视图。

(4)熟悉在视图中显示和参考工作特征。

(5)掌握草图视图所包含的内容。

(6)了解如何管理图纸。

(7)了解创建基线尺寸集标注。

(8)了解创建基准尺寸集和同基准尺寸标注。

(9)熟悉创建孔参数表标注的方法。

(10)了解在工程图中使用窗口和交叉选择的方法。

(11)掌握 DWG 文件的输出选项。

(12)了解应用明细表的行合并和替代功能。

(13)熟悉在工程图中应用标准零件的剖切选项。

(14)了解创建版本表和版本标志。

(15)了解工程图延时更新的功能。

(16)掌握在工程图中获取模型尺寸进行标注。

2.6.11　复杂装配建模(11.5%)

考试内容:

在装配模型中创建设计视图、驱动约束、替换零部件、阵列和镜像零部件,应用装配集合,创建装配特征,自适应设计技巧,应用 iMate、零部件选择工具等。

考试要求:

(1)掌握在装配模型中创建设计视图。

(2)掌握在装配模型中驱动装配约束进行产品运动模拟。

(3)了解在装配模型中替换零部件。

(4)掌握在装配模型中创建关联的、矩形和圆形的零部件阵列装配。

(5)熟悉在装配模型中创建装配特征。

(6)了解应用装配接触集合。

(7)熟悉镜像装配零部件。

(8)了解创建 iMates 的方法及其应用

(9)了解创建 iMates 和转换现有的装配约束为 iMates 的方法。

(10)熟悉使用自适应草图和特征进行自适应设计的方法。

(11)了解标准件库使用和编辑方法。

(12)熟悉使用零部件选择工具。

2.6.12 钣金设计(6%)

考试内容:

在钣金设计中,应用钣金式样,应用钣金造型工具创建钣金特征,展开钣金模型等。

考试要求:

(1)掌握创建和使用钣金式样的方法。

(2)掌握使用钣金切割工具创建切割特征。

(3)熟悉钣金展开模式的使用方法。

(4)了解钣金冲压工具的使用方法。

(5)了解镜像钣金特征的应用。

2.6.13 曲面建模(4.5%)

考试内容:

使用曲面和实体进行混合造型,应用通用特征工具和曲面特征工具创建曲面,使用曲面作为特征的起止面和分割面。

考试要求:

(1)熟悉创建曲面的方法。

(2)了解应用曲面和实体的一体化造型技术。

(3)熟悉使用曲面作为特征的终止面和模型的分割面。

(4)了解用曲面修剪其他曲面的方法。

2.6.14 焊接设计(3.25%)

考试内容:

使用焊接工具创建焊接件和特征。

考试要求:

(1)了解如何创建焊接件。

(2)熟悉焊接浏览器的使用。

(3)了解如何创建焊缝。

2.6.15 自动化设计技巧(2.5%)

考试内容:

创建和使用 ipart 工厂和 iFeature。

考试要求:

(1)了解如何创建和使用 iPart 工厂。

(2)了解如何创建和编辑 iFeature。

2.6.16　并行协作设计技巧(6.25%)

考试内容:

使用 Inventor 在多用户环境中工作,使用工程师记事本,使用设计助理,打开旧版本的文件,输入并编辑基础实体等。

考试要求:

(1)了解 Inventor 多用户工作环境。

(2)了解并使用工程师记事本。

(3)熟悉打开旧版本的零件的选项。

(4)了解如何使用设计助理。

(5)熟悉如何输入 IGS、STEP 和 SAT 等文件。

(6)熟悉如何输入所选择的 AutoCAD 对象。

(7)熟悉如何编辑基础实体。

2.6.17　附件(题型)

第一类　简单选择题

例:当库中的零件装入部件中时, 以下哪个选项不被保存在装配数据库中?

A. 文件名

B. 库名

C. 项目名

D. 文件夹搜索路径

第二类　带图片文件、模型文件、图片及模型文件均有的操作选择题

例: 使用 04_03_03. ipt 文件,按图 2-1 所示对零件进行修改, 用"草图 7"的定位点作为孔中心打埋头螺纹孔。请问该零件模型重心的 Y 坐标值是多少?

A. 1.274

B. 1.275

C. 1.276

D. 1.277

题目要求:

单项选择,4 个供选答案。1 选项为正确答案。

二种类型的题目数量原则上各占 50% 左右。

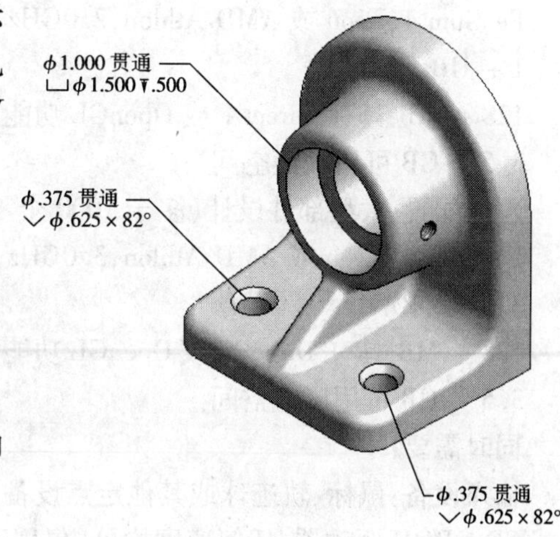

图　2-1

第三章 Inventor 入门

3.1 考试要求

(1)掌握创建和使用项目文件的方法。

(2)了解在装配件打开时搜索零部件位置的顺序。

(3)熟悉创建自定义快捷键的方法。

3.2 知识要点

本章主要考察使用 Inventor 时应该掌握的基础知识,其中项目创建和使用的内容为 Inventor 应用的基础,应熟练掌握。

3.2.1 安装 Inventor 系统所需要的硬件配置和软件环境

Autodesk Inventor 是 Autodesk 公司针对机械产品制造业的三维设计软件。Autodesk Inventor 2008 是 Autodesk Inventor 系列软件的最新版本,安装和使用 Autodesk Inventor 2008 需要的硬件和软件的支持如下:

3.2.1.1 安装 Autodesk Inventor 2008 所要求的硬件配置

建议配置:零件和部件设计(少于 1000 个零件)

Pentium 4、Xeon 或 AMD Athlon,2.0GHz 或更快的处理器

1 + GB RAM

128 + MB 具有 DirectX 或 OpenGL 功能的工作站类图形卡

3.5 + GB 可用磁盘空间

首选配置:大型部件设计(多于 1000 个零件)

Pentium 4、Xeon 或 AMD Athlon,3.0GHz 或更快的处理器

3 + GB RAM

128 + MB 具有 DirectX 或 OpenGL 功能的工作站类图形卡

3.5 + GB 可用磁盘空间

同时需要:

输入设备:鼠标、轨迹球或其他定点设备

CD – ROM 驱动器:任何速度均可(仅用于安装)

3.2.1.2 安装 Autodesk Inventor 2008 所需要的软件配置

操作系统:

Windows 2000 Professional SP4

Windows XP Professional SP1 和 SP2

Windows XP Professional x64 版

浏览器：

Microsoft Internet Explore 6.0 Service Pack 1 或更高版本

其他：

Microsoft Excel 2000 或更高版本，用于 iComponent、螺纹自定义和电子表格驱动的设计

3.2.2　Autodesk Inventor 的基本术语和图形界面

Autodesk Inventor 的图形界面如图 3-1 所示，主要包括标题栏、菜单栏、各种工具栏、工具面板、浏览器、状态栏及右键关联菜单。

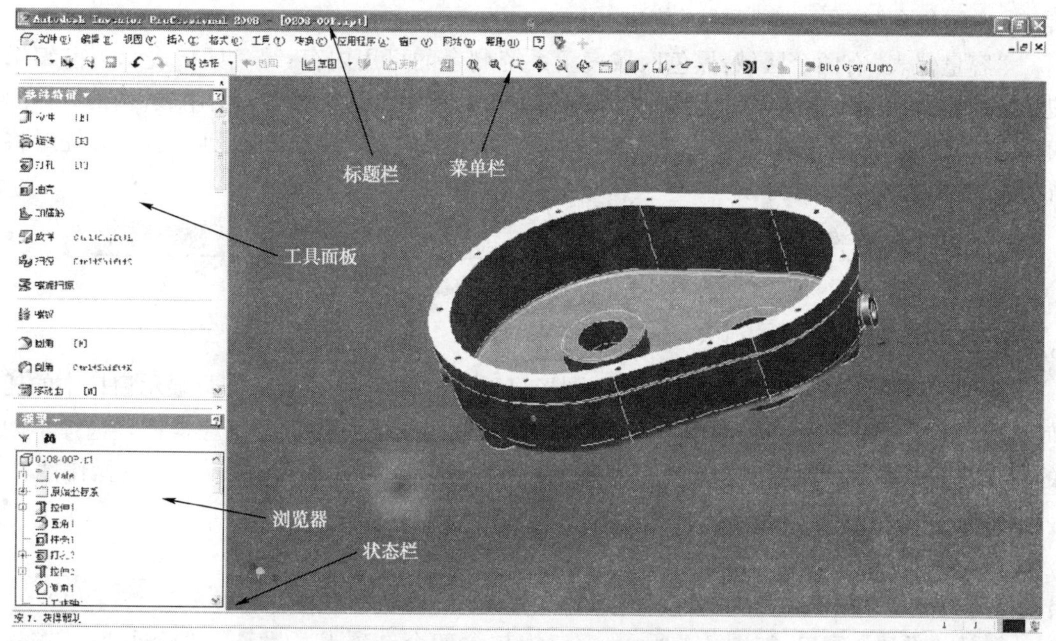

图 3-1　Inventor 2008 的图形界面

3.2.2.1　标题栏

左侧显示软件的名称，紧接着是当前打开文件的名称。

3.2.2.2　浏览器

显示了零件、部件和工程图的层次结构。浏览器对每个工作环境而言都是唯一的，并总是显示激活文件的信息。零件和部件浏览器的顶部有工具栏，用来过滤浏览器的显示信息；对于部件来说，它用来改变设计视图表达。浏览器可以固定在 Autodesk Inventor 窗口的任意一边，或者浮动在激活文件的图形窗口。

3.2.2.3　工具栏和工具面板

Autodesk Inventor 只显示与激活环境有关的工具栏和工具面板。如果同时开零件、部件

和工程图文件,工具面板将会改变,这取决于哪个窗口是激活的。

用户可以将工具栏拖动到不同的位置。可以使工具栏固定在主窗口的顶部、底部或左右任意一侧。也可以将工具栏拖至绘图窗口内,以解除固定状态。也可以自定义在各种环境中显示的工具栏和工具面板。

隐藏提示:如图 3-2 所示工具面板中具有是否将图标与文本一同显示的选项,可控制打开或关闭工具面板中显示的文本。

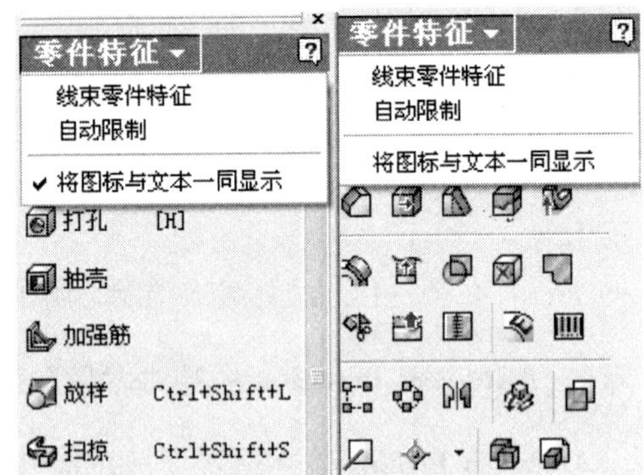

图 3-2 隐藏提示

3.2.2.4 状态栏

如图 3-3 所示,状态栏左侧显示命令提示等信息,右侧包含"容量仪表"和"通信中心"。

"容量仪表"有两个区域:黑色区域表示系统剩余的可用内存;绿色区域表示当前编辑进程所消耗的内存。左侧有两个数字:最左侧的单元显示激活文档中的引用数目,最右侧的单元显示当前编辑进程中打开文件的数目。将光标暂停在绿色与黑色区域上:工具提示将显示已使用的和可用的内存。

图 3-3 状态栏

3.2.2.5 右键关联菜单

工作过程中可以随时在浏览器背景、图形显示窗口背景、浏览器或图形显示窗口中的任何目标对象上单击鼠标右键使用关联菜单,访问关联敏感工具并进行相应操作。选择不同的对象将显示不同的关联菜单。关联菜单的熟练使用将大幅度地提高 Inventor 的操作性。

3.2.3 新建、打开、保存图形文件

3.2.3.1 新建 Inventor 设计文件

激活"新建"窗口,如图 3-4 所示:窗口中包含四个选项卡:"默认"、"English"、"Metric"和"Professional"。每个选项卡都包含使用相应单位和绘图标准的文件模板。"默认"选项卡包含的模板基于安装 Inventor 时所选的单位和绘图标准。

Inventor 软件由 6 个基本设计模块组成:零件造型模块、钣金模块、部件装配模块、焊接模块、表达视图模块、工程图纸模块。各个模块对应的文件格式分别如下:

零件和钣金件文件(.ipt),一般部件文件和焊接件(.iam),表达视图文件(.ipn),工程图纸文件(.idw 和 dwg)。

在创建新文件时,可以选用如图 3-5 所示的 6 种缺省设计类型的文件模板:零件(Standard.ipt)、钣金(Sheet Metal.ipt)、装配部件(Standard.iam)、焊接(Weldment.iam)、表达视图(Standard.ipn)、工程图纸(Standard.idw),也可以自定义模板文件,将其保存到软件安装目录…\Inventor 2008\ Templates 目录下即可在新建对话框中选用。

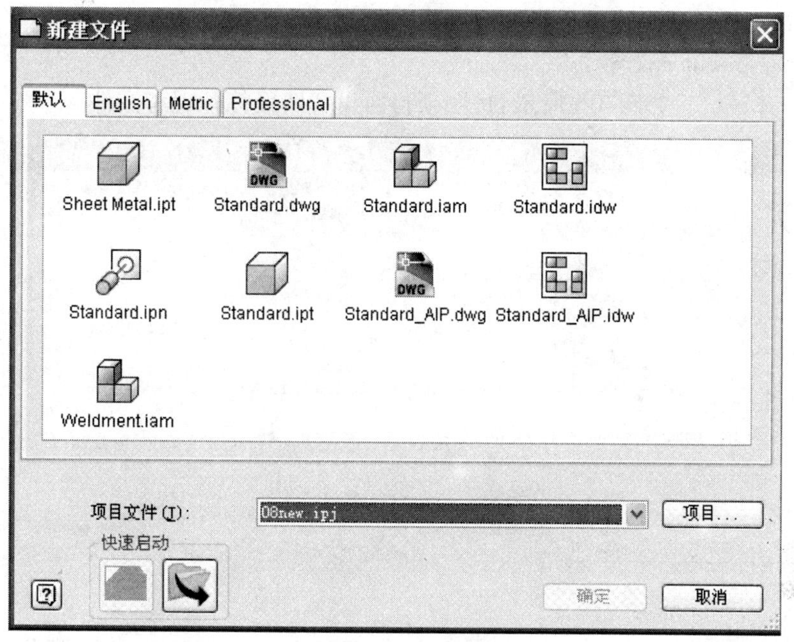

图 3-4 “新建”窗口

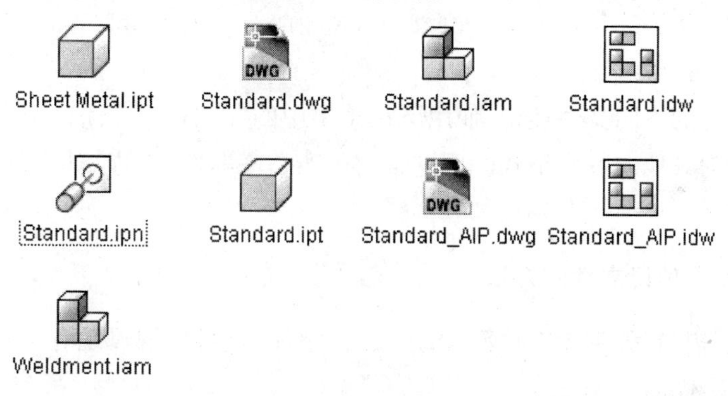

图 3-5 Inventor 设计模板及文件格式

- 零件文件中只包含单一零件。在零件环境中可进行单一零件设计、创建用于装配的标准件、创建用于装配布局的二维草图几何特征。生成文件的后缀为. ipt。
- 部件文件中包含一个或一个以上的零件或子部件。可以将已有的零件调入装配环境中并添加装配约束,也可以在装配环境中创建新零件。生成文件的后缀为. iam。添加装配约束用于定位零件并可以控制特征的自适应驱动。
- 对于部件文件可以创建它的表达视图文件。在表达视图环境中可以定义部件的爆炸视图,可以进行装配过程的动态模拟。文件的后缀为. ipn。
- 对于零件文件、部件文件及表达视图文件,可以创建它们的工程图文件。工程图文件中使用一张或多张图纸定义零件或部件的多角度视图。文件的后缀为. idw。
- 钣金零件文件单独生成文件类型。其后缀仍为. ipt。

- 焊接文件单独生成文件类型。其后缀仍为.iam。

3.2.3.2　打开 Inventor 设计文件

激活“打开”窗口,如图 3-6 所示:按照项目所设置路径打开现有文件。

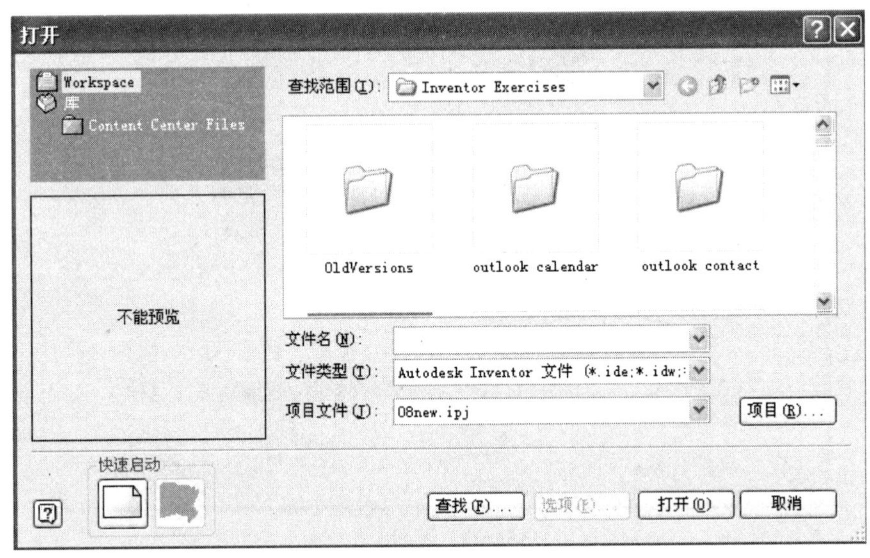

图 3-6　“打开”窗口

3.2.3.3　“保存”及“保存副本为”

针对设计生成的不同文件类型,使用下拉菜单中的“文件” -“保存副本为”命令,可在保存类型中保存为其他的数据格式。应试者应该熟悉零部件、工程图所能够保存的各种格式类型以及其含义。

3.2.4　创建和使用项目文件的方法

激活“项目”窗口,如图 3-7 所示:指定项目、添加新项目、编辑现有项目、开启新文件、浏览“设计支持系统”。

项目是用来指定工作空间和文件路径的,相当于一个简单的设计数据文档管理系统。通过项目可以有效地组织文件和文件之间的链接。它也定义了如何获得零件库、iFeature 和其他工作组成员的信息。可以使用“项目管理器”来创建、修改和管理项目。可以在 Inventor 中打开“项目管理器”对话框,或者在 Inventor 外部通过 Microsoft Windows 的“开始”菜单来打开它。

在“项目编辑器”的上部,可以浏览、创建、重命名、删除项目。文件目录显示于“项目编辑器”的下部,在下部可以修改当前项目的参数。每个项目显示文件位置、选项和设置以控制用于所选项目的文件管理功能。双击任意路径类别以显示其内容。要进行编辑,请在类别上单击鼠标右键,然后单击菜单上的选项。

项目文件夹:Inventor 的项目文件夹列出了每个项目的快捷方式,起始位置是“我的文档”。可以修改项目文件夹的位置:“工具”→“选项”→文件。项目文件夹位置修改后,必须将已有的项目的快捷方式复制到新位置。

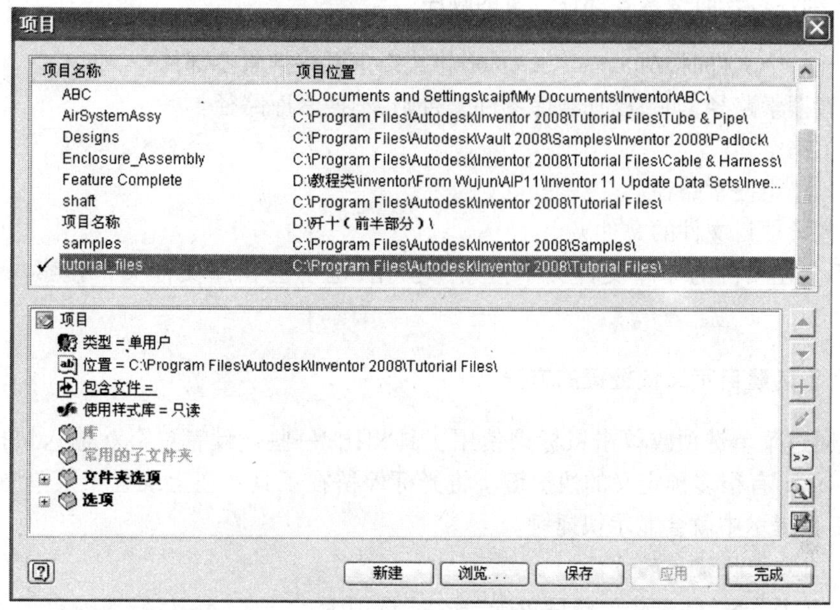

图 3-7 “项目”窗口

项目主文件夹:每个项目有一个单独的文件夹,该项目的所有文件放在此文件夹或它的子文件夹中。

项目文件:. IPJ 文件。通常放在项目主文件夹下。项目文件存放项目参数。Inventor 某些项目在项目管理器中不能删除:Default (默认)和 tutorial_files (教程), sample (样例)项目,当前的项目也不能删除。

项目参数包括:包含文件、工作空间、本地搜索路径、网络搜索路径、工作组搜索路径、库搜索路径。

包含文件:指定要包含在所选项目中的另一个项目文件的搜索路径。包含项目通常是位于网络上的工作组项目,且只能有一个包含项目文件。

工作空间:指定打开和保存文件的默认位置,只有一个工作空间。

本地搜索路径:指定非共享文件在本机或网络上的位置。

工作组搜索路径:指定搜索引用文件在网上的共享位置。

库搜索路径:指定搜索共享零部件(如标准件)的路径。

选项:设置所选项目的全局默认值。项目中的选项设置控制其文件管理功能。创建项目时设置这些选项,并可以随时编辑它们。在每个选项上单击鼠标右键,弹出选项菜单。

管理项目:可以使用“项目编辑器”来管理设计。需要时可以创建项目,或在需要新路径时可以修改现有项目的路径。通过指定工作空间和搜索路径,可以在与同事协同工作时保持数据的一致性。

注:使用项目编辑器或激活新项目之前要关闭所有文件。

3.2.5 装配件打开时搜索零部件位置的顺序

当打开一个文件时，Autodesk Inventor 将按以下顺序搜索零部件：

- 库搜索路径，如果已加载库零件。否则，不搜索库路径。
- 工作空间。
- 工作组搜索路径。
- 包含项目文件的文件夹。

注：不会在项目的非库文件夹中搜索库引用，也不会在库文件夹中搜索项目的非库引用。

3.2.6 熟悉创建自定义快捷键的方法

与仅通过菜单选项或单击鼠标来使用工具相比，一些设计者更喜欢输入快捷键。Autodesk Inventor 有很多预定义的快捷键。将光标停留在工具按钮上或置于菜单中的选项名称之后，工具提示中就会显示快捷键。

3.2.6.1 自定义快捷键的方法

选择“工具”>“自定义”，然后单击“命令”选项卡。

(1)在“类别”框中，单击所需的命令类别。相关命令和快捷键将显示在“命令”框中(如果存在)。

(2)在“命令”框中，单击命令，然后在“快捷键”列中单击。使用以下方法之一输入快捷键：

- 输入单个字母或数字；
- 按 Shift 键、Ctrl 键、Alt 键或这些键的组合，并输入字母或数字。

(3)按 Enter 键指定快捷键。

(4)继续指定快捷键，或者单击“关闭”关闭对话框。

如果需要，可以选择快捷键并单击 Delete 或 Backspace 键删除该快捷键。

3.2.6.2 不能用作快捷键的按键包括：

Enter 键/回车键	Num Lock 键	Windows 徽标键
Tab 键	Scroll Lock 键	菜单键
Backspace	Print Screen 键	空格键
Caps Lock 键	Pause/Break 键	Escape 键
删除键	上箭头键、下箭头键、右箭头键和左箭头键	Num Enter 键

其他非标准键(例如多媒体快捷键或 Internet 键)也不能使用。

不能将 Alt 键和 A 至 Z 键或 1 至 0 键一同使用，因为它将干扰用来访问菜单命令的 Microsoft Windows 标准加速键。可以将 Alt 键与其他修改键(例如 Shift 键和 Ctrl 键 + 字母或数字键)一起使用。

3.3 试题与答案

【例题 3-1】 在 Autodesk Inventor 软件的项目管理器中，哪个项目可以被删除？

A. samples

B. Default

C. tutorial_files

D. Tube & Pipe Samples

【答案】 D

【例题 3-2】 在缺省的项目文件中,至少要有多少个搜索路径?

A. 0

B. 1

C. 2

D. 3

【答案】 A

【例题 3-3】 当打开一个装配文件时,在搜索路径中哪个位置是最后被搜索的?

A. 库

B. 本地搜索

C. 工作组搜索路径

D. 工作空间

【答案】 C

【例题 3-4】 哪里去寻找在所定义的搜索路径中不能找到的 Autodesk Inventor 文件?

A. 在本地磁盘的根目录

B. 在用户的"TEMP"目录

C. 在 Autodesk Inventor 安装目录

D. 在包含上一级文件的目录中

【答案】 D

【例题 3-5】 当创建自定义快捷键时,输出什么类型的文件?

A. CSV

B. TXT

C. XLS

D. XML

【答案】 D

【例题 3-6】 当创建自定义快捷键时,什么键或键组合不能与单个字母结合使用?

A. Alt

B. Alt Shift

C. Ctrl

D. Shift

【答案】 A

【例题 3-7】 什么时候自定义的快捷键被引入生效?

A. Autodesk Inventor 重新启动之后

B. 转换项目文件之后

C. 新建 Autodesk Inventor 文件之后

D. 退出定制对话框之后

【答案】 D

第四章　草 图 基 础

4.1　考试要求

(1)掌握草图工具绘制草图几何图元。

(2)掌握使用垂直、平行、相切、重合、同心、共线、水平、竖直、等长和固定等约束控制草图几何图元。

(3)掌握向草图几何图元添加尺寸约束。

(4)掌握向草图几何图元添加或删除几何约束。

4.2　知识要点

Inventor 三维建模过程中,第一个有体积的特征一定是通过一个二维的截面轮廓通过拉伸、旋转、扫掠等操作方式生成的,这种特征就是草图特征。截面轮廓是用来定义草图特征截面的封闭回路。在拉伸、旋转、扫掠、放样、螺旋扫掠或加强筋操作中,可选择一个或多个回路来形成截面轮廓,如图 4-1 所示。创建轮廓图是绘制作为剖面轮廓图的封闭图形或者作为扫掠路径的开放线条。创建特征后,截面轮廓就退化了。

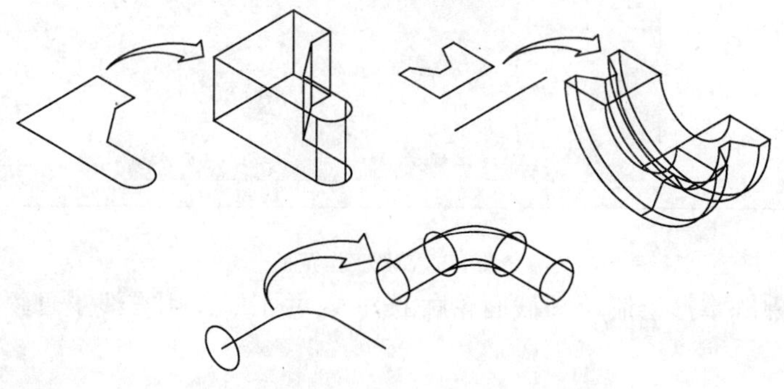

图 4-1　截面轮廓及草图特征生成方式

未被使用的轮廓图称为未退化草图,在草图特征中被使用的轮廓图称为退化草图。二者均可以通过在浏览器中点击相应的名称进行图形及尺寸的编辑工作。

4.2.1　掌握草图工具绘制草图几何图元

必须在已经存在的零件表面或工作平面上绘制草图。零件环境中存在缺省的三个相互垂直的工作面、三条坐标轴和一个工作原点供使用,但是默认的显示状态为不可见。

绘制草图的方法:点击草图按钮,选取绘图平面绘图;也可以直接在平面上点击右键执行"新建草图"命令。在草图环境中,使用工具面板上的绘图工具编辑绘制图形,可以将原有的 AutoCAD 的 dwg 文件直接插入草图中(图 4-2)。

有些工具旁带有箭头,单击箭头可访问相关工具。当鼠标停留在工具按钮上时,系统会显示包含概要描述的"工具提示"。所绘制的线条可以应用样式选择将其定义为普通线、构造线、中心线,普通线是参与造型的轮廓线,构造线作为辅助线不参与造型,中心线只用于镜像功能。

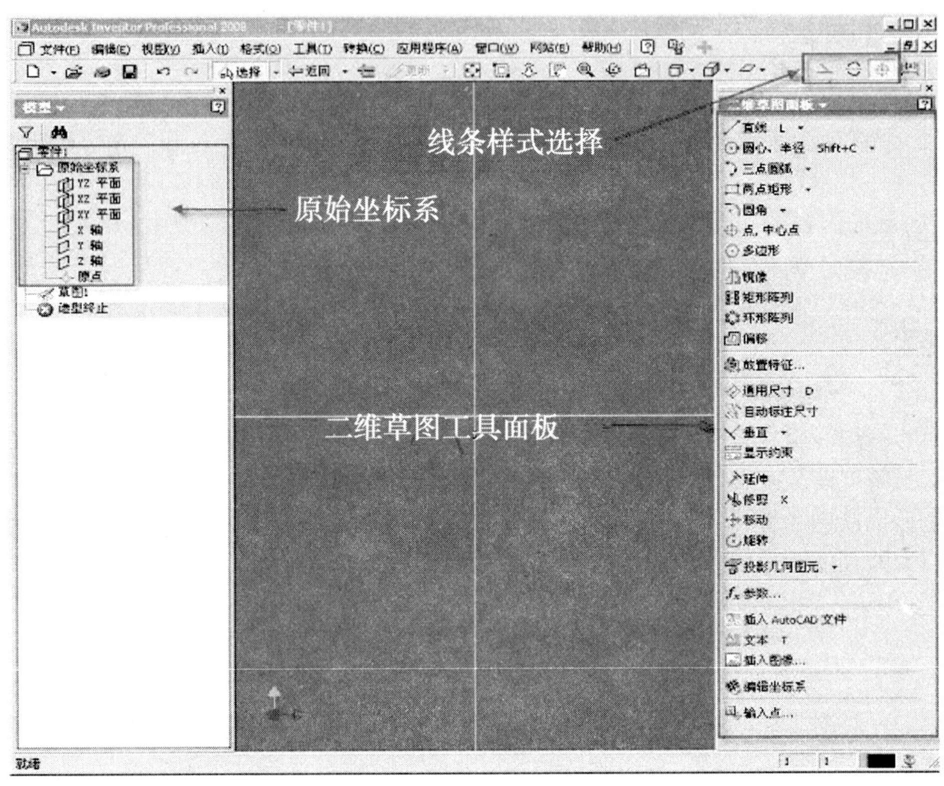

图 4-2　草图工作界面

注:考生需熟练掌握绘制草图截面轮廓的方式,并了解运用直线工具绘制与直线相切圆弧的方法。

4.2.2　掌握使用垂直、平行、相切、重合、同心、共线、水平、竖直、等长和固定等约束控制草图几何图元

绘制草图的过程中,要防止改变截面轮廓的大小和形状,可以添加几何约束和尺寸约束。

4.2.2.1　自由度

对草图形状和大小的改变方法叫做自由度。例如圆有两个自由度:圆心和半径。只要确定了圆心和半径,圆就被完全约束了。如果通过应用几何约束和尺寸约束来消除了全部

自由度,草图就被完全约束了。如果有任何未处理过的自由度,那么草图就是欠约束的。

要点:完全约束的草图将在修改时得到可以预料的更新。在有一定经验的情况下,用户可以绘制准确的草图而不必完全约束它,但是这么做会导致将来修改尺寸和约束的时候,该特征发生变形。

4.2.2.2　几何约束

几何约束种类(图 4-3)有:垂直、平行、相切、重合、同心、共线、水平、竖直、等长、固定、对称,用以保证多个图元之间的关联性。考生需了解各种约束类型的效果和意义。

注:画草图时,按 Ctrl 可阻止自动添加约束。固定约束是完全约束草图的必要条件。

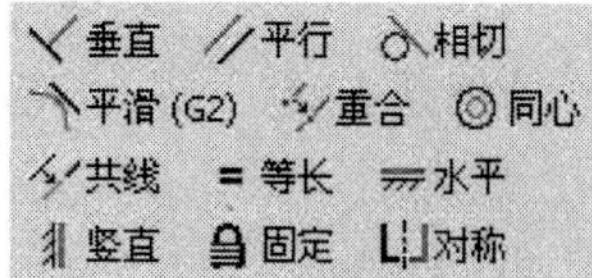

图 4-3　约束类型

4.2.3　掌握向草图几何图元添加尺寸约束

在添加约束之前,应该先研究草图再决定需要什么约束。熟练应用几何约束,可以达到使用适量的尺寸约束即可实现参数化图形驱动的目的。

用户绘制草图时约束可以被自动加载:绘制过程中光标上的约束符号将显示约束类型。当几何图元的尺寸被修改或其参照几何图元被移动的时候,草图约束将防止草图发生不希望的改变。除了在草图平面中绘制的线以外,用户可以选择模型的可见边界作为约束的一部分。所选的线将自动投影到当前草图平面中。如果愿意的话,也可以选择几何图元,然后用“投影几何图元”工具将其投影到草图平面中。

注:考生请熟练掌握“对称”约束的添加方法。

4.2.4　向草图几何图元添加或删除几何约束

(1)单击“显示约束”工具。

(2)将光标停留在曲线(或点)上,或在曲线(或点)上单击。

(3)将显示该几何图元上所有约束的符号。如果所选几何图元上的约束应用于其他几何图元,当用户指向约束符号时,该几何图元将亮显。

(4)要删除某个约束,请单击以选择相应的约束符号,然后按下 Delete 键(或者单击鼠标右键,然后选择“删除”)。

(5)对于多个约束:

- 要一次显示所有约束,请单击“命令”工具栏上的“选择”工具,单击鼠标右键,然后选择“显示所有约束”,快捷键为 F8。
- 要隐藏所有约束,请单击鼠标右键,然后选择“隐藏所有约束”,快捷键为 F9。

4.3　试题与答案

【例题 4-1】　新建一个公制零件文件,先绘制一个长和宽为 102.57mm × 40.12mm 的矩形,然后以矩形的中心为中心绘制与矩形四个顶点外接的正椭圆,并且该椭圆的长轴为 120mm,问该椭圆轮廓的长度是多少?

A. 313.551 mm

B. 313.552 mm

C. 313.553 mm

D. 313.554 mm

【答案】 C

【例题 4-2】 在一个草图中几何图元至少要有几个固定约束?

A. 0

B. 1

C. 2

D. 3

【答案】 A

【例题 4-3】 相切约束可以应用的对象是:

A. 圆弧和椭圆弧

B. 样条曲线和直线(样条曲线的端点在直线上)

C. 样条曲线和椭圆(样条曲线的端点在椭圆上)

D. 以上均是

【答案】 D

【例题 4-4】 Autodesk Inventor 会以不同颜色显示草图的方式指明草图是否全约束,如果要使草图全约束,那么至少应对草图中的一条曲线添加一个什么约束?

A. 重合

B. 等长

C. 固定

D. 共线

【答案】 C

【例题 4-5】 怎样才能做到在删除一个几何约束之后,约束符号仍然显示?

A. 将鼠标指针放在约束的图标上单击右键,然后选择"删除"

B. 将鼠标指针放在约束的图标上单击右键,然后选择"移去"

C. 移动鼠标指针到约束图标,同时按下"Ctrl"键

D. 选择约束图标,并同时按下"Ctrl + D"键

【答案】 A

第五章　创建草图特征

5.1　考试要求

(1)掌握应用“拉伸”和“旋转”工具创建草图特征。

(2)掌握应用“拉伸”工具中的“距离”、“到平面或表面”、“到”、“从表面到表面”和“贯通”等终止选项。

5.2　知识要点

Inventor 三维实体建模中第一个有体积的特征(基础特征)一定是草图特征。基础特征只能进行添加操作和曲面操作,后续的特征均可与已有的特征进行添加、切削、求交、曲面操作。在操作过程中可用鼠标拖动线框定义拉伸距离和旋转角度。

5.2.1　“拉伸”和“旋转”工具创建草图特征

5.2.1.1　拉伸特征

如图 5-1 所示,使用拉伸特征对话框,将草图截面轮廓增加深度创建特征。特征的形状由草图的形状、拉伸长度和拉伸斜角控制。

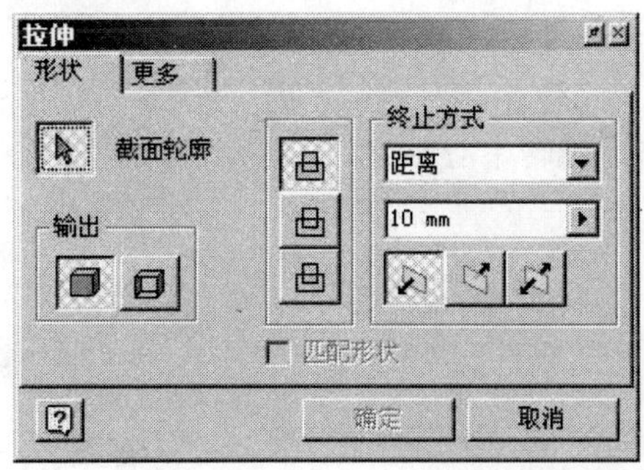

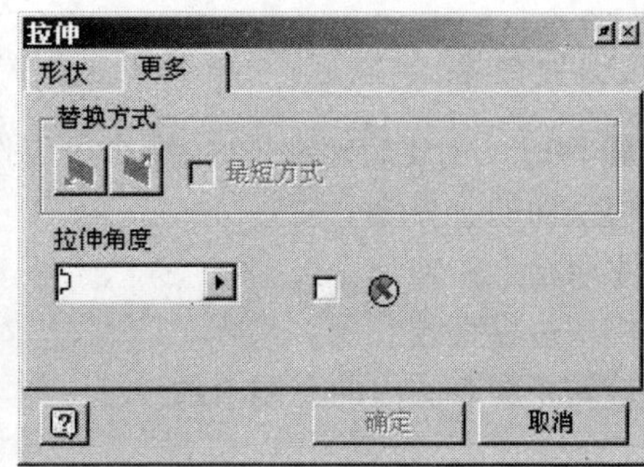

图 5-1　拉伸特征对话框

- 添加：在原有实体的基础上添加材料;
- 切削：在原有实体的基础上去除材料;
- 求交：生成与原有的实体公共的部分;
- 实体：生成实体特征;

- 曲面 :生成非实体的面;
- 拉伸角度:与拉伸方向的夹角,结果是生成锥体。

5.2.1.2 旋转特征

如图 5-2 所示,使用旋转特征对话框,围绕一根轴旋转一个或多个截面轮廓草图创建特征。除非要创建曲面,截面轮廓必须是一个封闭回路。旋转轴不可穿过截面轮廓图。

终止方式:

- 全部:默认的终止方式,截面轮廓旋转 360°;
- 角度:使截面轮廓旋转指定的角度。

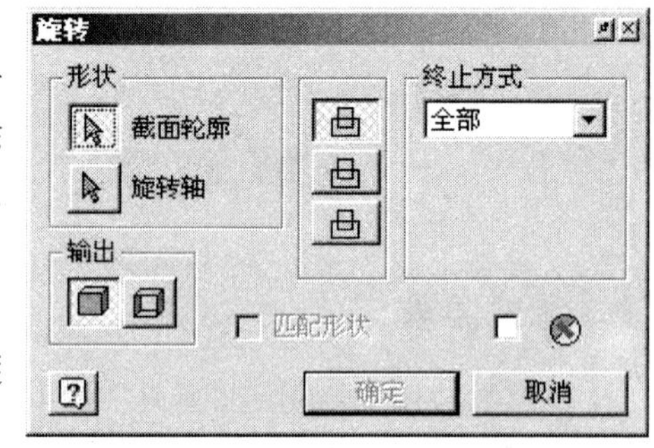

图 5-2 旋转特征对话框

5.2.2 “拉伸”工具中的“距离”、“到平面或表面”、“到”、“从表面到表面”和“贯通”等终止选项

- 距离:以草图所在平面为起始平面,输入具体距离尺寸;
- 到表面或平面:以草图所在平面为起始平面,自动终止到下一个表面或平面;
- 到:以草图所在平面为起始平面,终止到指定的表面或平面;
- 从表面到表面:指定起始和终止的表面或平面;
- 贯通:全部实体。

更多选项卡:替换方式,拉伸斜角。

注:考生请熟练掌握几种终止方式的意义和效果,并能够选用合适的终止方式生成特征。

5.3 试题与答案

【例题 5-1】 创建旋转特征时,哪个可以作为旋转中心轴?

A. 模型面的分界线

B. 非原始工作轴

C. 模型边界直线

D. 旋转轮廓草图内的草图直线

【答案】 D

【例题 5-2】 以下什么情况下,一定不能创建旋转特征?

A. 草图轮廓过旋转中心线

B. 草图轮廓是椭圆

C. 草图轮廓中线有交叉的线条

D. 草图轮廓多重封闭

【答案】 A

【例题 5-3】 在创建零件基础特征时,“拉伸”中的哪个终止选项不能使用?

A. 距离

B. 贯通

C. 从表面到表面

D. 到

【答案】 B

第六章　创建放置特征

6.1　考试要求

(1)掌握应用“圆角”工具中的“等半径”选项卡、“变半径”和“过渡”选项卡中的所有边界链选选项,来创建圆角特征。

(2)掌握应用“倒角”工具中的“距离”、“距离和角度”和“两距离”选项,以及扩展选项中的“链选边”和“过渡类型”选项,来创建“倒角”特征。

(3)掌握应用“打孔”工具,创建“直孔”、“沉头孔”、“倒角孔”和“螺纹孔”特征。

(4)掌握应用“抽壳”工具,在同一零件上创建多个不同面厚度的“抽壳”特征。

(5)掌握应用“矩形”和“圆形”阵列工具创建阵列特征,以及沿着路径创建矩形阵列特征。

6.2　知识要点

放置特征是指不需要使用草图即可生成的零件特征,其特征会对已有特征(或基础特征)进行修改和编辑。值得说明的是“打孔”特征既是草图特征也是放置特征。

6.2.1　应用“圆角”工具中的“等半径”选项卡、“变半径”和“过渡”选项卡中的所有边界链选选项,来创建圆角特征

使用“圆角”工具可以将零件的内角、外角或特征变成圆角或带盖的放置特征。可以创建:

- 边圆角(图 6-1):基于选择的边创建的圆角。圆角可以是等半径和变半径圆角、不同大小的圆角、不同连续性(相切或平滑 G2)的圆角,它们都可以通过一个单独的操作创建。在同一次操作中创建的不同大小的所有圆角将成为单一特征。
- 等半径圆角沿着其整个长度都有相同的半径。
- 变半径圆角的半径沿着其长度会变化。为起点和终点设置不同的半径。也可以添加中间点,每个中间点处都可以有不同的半径。圆角的形状由过渡类型决定。

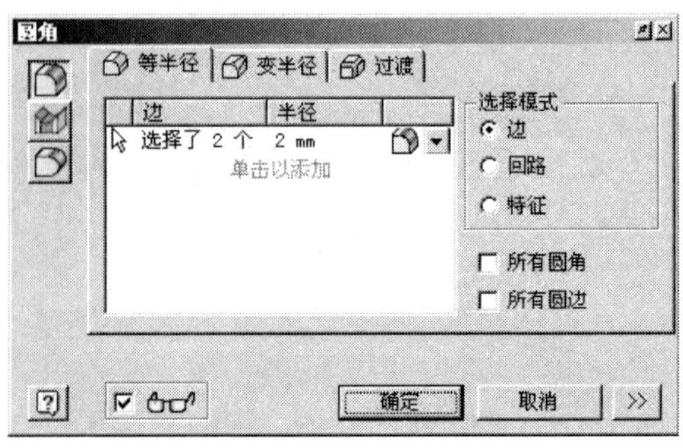

图 6-1　边圆角特征对话框

- 过渡是在相交边上的圆角之间定义相切连续的过渡。可以对相交的每条边指定不同的过渡。

提示：要选择单条边，同时不选择与之相切的边，可以单击“其他”按钮，然后清除“自动链选边”选项，如图6-2所示。

- 面圆角（图6-3）：在两个面或面集之间创建的圆角。面不需要共享一条边。任何小型边和不规则几何图元都通过圆角过渡。

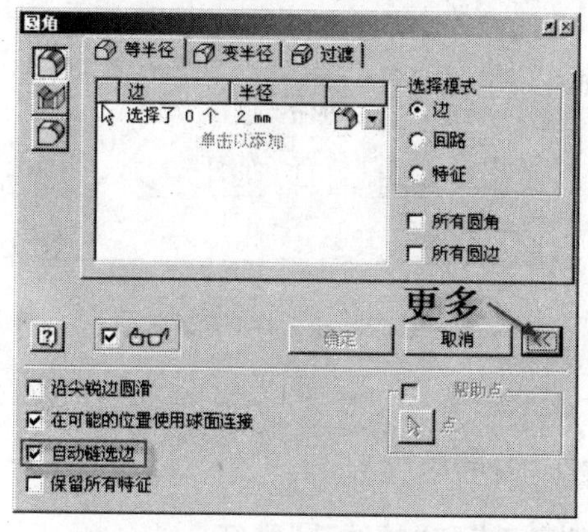

图6-2　自动链选边选项

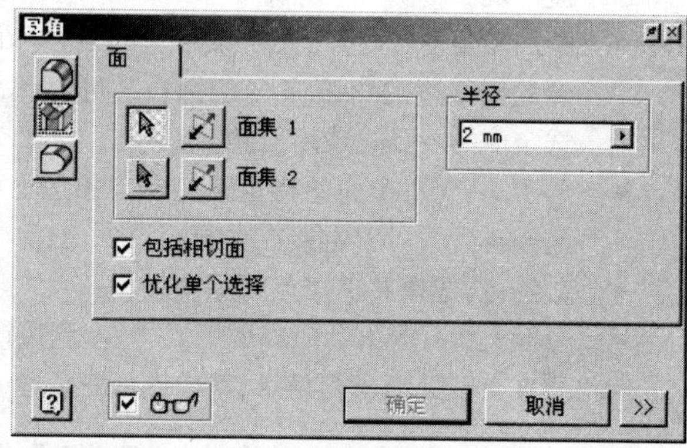

图6-3　面圆角特征对话框

- 全圆角（图6-4）：与三个相邻面或面集相切的变半径圆角。中心面集由变半径圆角取代。

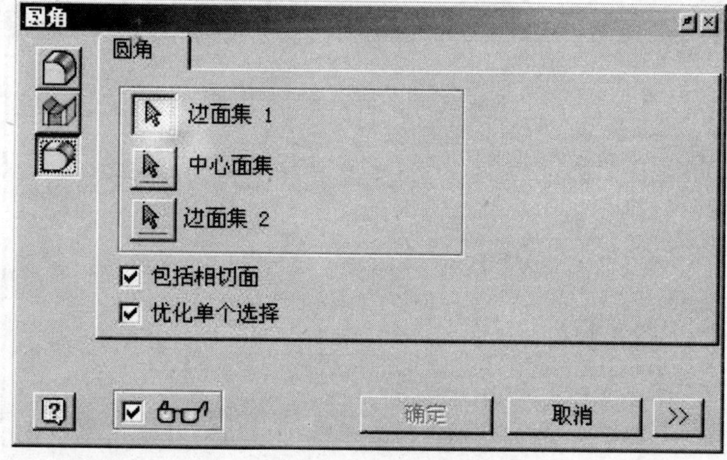

图6-4　全圆角特征对话框

注意：“所有内圆角”与“所有外圆角”均不可用作部件特征。

考生应熟练掌握几种圆角的创建方式及意义，并了解各种选项的应用

6.2.2　应用“倒角”工具中的“距离”、“距离和角度”和“两距离”选项，以及扩展选项中的“链选边”和“过渡类型”选项，来创建“倒角”特征

倒角可以在零件环境和部件环境中使零件边成斜角。倒角可以是与边的距离等长、距

边指定的距离和角度,或从边到每个面的距离不同。与圆角相似,倒角不要求有草图,并被约束到要放置的边上。

如图 6-5 所示,倒角特征有以下控制选项:

- 距离:通过指定与两个面的交线偏移同样的距离来创建倒角。选择单条边、多条边或相连的边界链以创建倒角。可以指定拐角过渡外观。
- 距离和角度:通过定义自某条边的偏移和面到此偏移边的角度来创建倒角。可以倒角选定面的一条边或所有边。
- 两距离:到每个面的指定距离在单条边上创建倒角。边可以链接在一起。
- 链选边:选择共享切点的所有边。
- 过渡类型:倒角会形成平坦汇交(左侧按钮)。

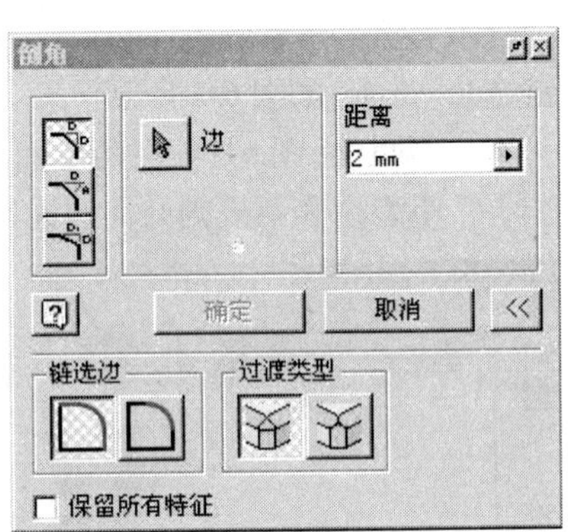

图 6-5　倒角特征对话框

倒角会在交点处形成拐角点,就像铣去三条边一样(右侧按钮)。

6.2.3　应用"打孔"工具,创建"直孔"、"沉头孔"、"倒角孔"和"螺纹孔"特征

如图 6-6 所示,使用"打孔"工具可创建参数化直孔、沉头孔或倒角孔特征。打孔特征中包含孔的类型、孔底选项和螺纹定义等。

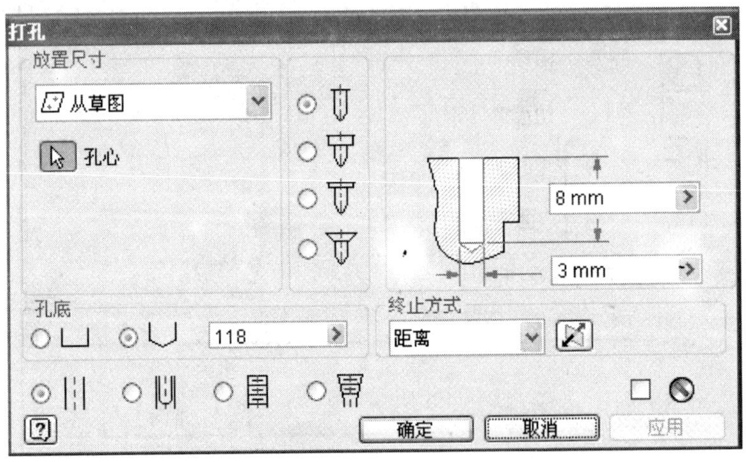

图 6-6　打孔特征对话框

6.2.3.1　打孔特征的放置方式

从草图:此选项要求在现有特征上绘制孔中心点。也可以在现有几何图元上选择端点或中心点来作为孔中心。

中心单击以选择几何图元的端点或中心点作为孔中心。孔中心点将自动选择。

长度:根据两条线性边在面上创建孔。

面选择要放置孔的面。

参考 1 选择用于标注孔的放置而参考的第一条线性边。

参考 2 选择用于标注孔的放置而参考的第二条线性边。

同心:在面上创建与环形边或圆柱面同心的孔。

面选择要放置孔的面或工作平面。

同心引用选择孔中心放置所引用的对象。选择环形边或圆柱面。

在点上:创建与工作点重合并且根据轴、边或工作平面定位的孔。

点选择要设置为孔中心的工作点。

方向指定孔轴的方向。选择与孔的轴垂直的平面或工作平面,或选择与孔的轴平行的边或轴。

点击“反向”开关即可反转孔的方向。

6.2.3.2　孔类型及其他设置

孔类型:如图 6-7 所示。

	钻孔	孔与平面齐平,并且具有指定的直径
	沉头孔	孔具有指定的直径、沉头孔直径和沉头孔深度
	倒角孔	孔具有指定的直径、倒角孔直径和倒角孔深度
	简单孔	不带螺纹的简单孔
	螺纹孔	带螺纹的孔
	配合孔	与选定的紧固件配合的孔
	锥螺纹孔	创建带锥角螺纹的孔

图 6-7　孔类型

孔底类型:设置孔底的平底或端部角度。对于端部角度,单击向下箭头指定角度尺寸,或者在模型上选择几何图元来测量自定义角度或显示尺寸。角度的正方向是以垂直于平面的孔轴的方向逆时针测量的。

终止方式:

距离:定义孔的终止方式。用一个正值来定义孔的深度。深度是沿平面垂直的方向测量的。

贯通:孔穿透所有面。

至:在指定的平面处终止孔。如果需要,可以选择要结束孔终止方式的曲面并选中要终止选定面上的特征的选项。

6.2.3.3 螺纹孔特征选项

如图 6-8 所示,创建螺纹孔需设置以下选项:

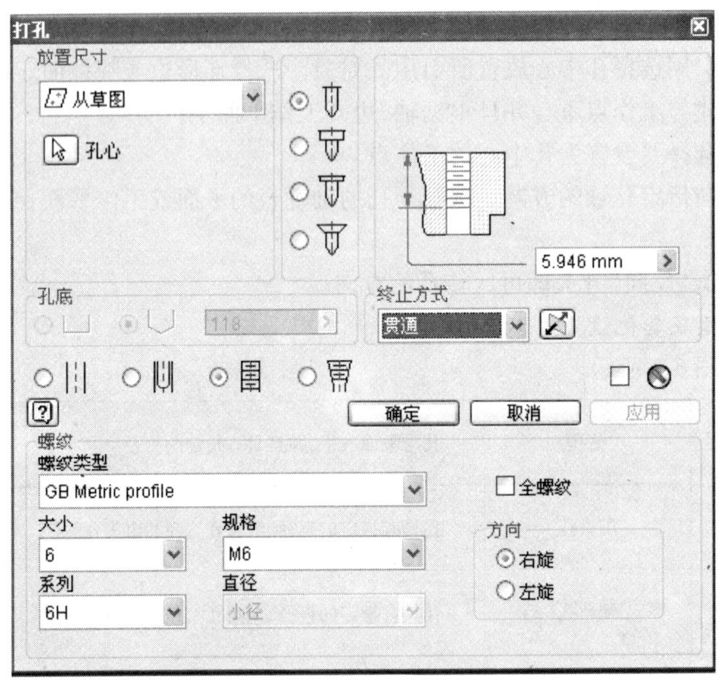

图 6-8 螺纹孔特征生成

螺纹类型单击向下箭头选择螺纹类型。

规格根据所选的螺纹类型,Autodesk Inventor 将提供一个公称尺寸列表。

系列使用向下箭头可以为内螺纹选择配合的系列。

直径显示此孔特征使用的直径类型的值。该值只能在“文档设置”中进行更改。

方向指定螺纹旋转的方向。

全螺纹指定整个孔深都带有螺纹。

6.2.4 应用“抽壳”工具,在同一零件上创建多个不同面厚度的“抽壳”特征

应用“抽壳”工具从零件的内部去除材料,创建一个具有指定厚度的空腔。可以删除所选表面形成开放的抽壳。

如图 6-9 所示,抽壳命令做到以单一壁厚和特殊壁厚将实体抽空为壳体。

6.2.5 应用“矩形”和“圆形”阵列工具创建阵列特征,以及沿着路径创建矩形阵列特征

阵列特征是指复制已有的一个或多个特征,通过指定的路径方式来排列生成的引用。如图 6-10 所示,Inventor 中有矩形阵列和环形阵列两种阵列方式。

6.2.5.1　矩形阵列

复制一个或多个特征,并通过指定矩形阵列中的数量和间距,或者通过沿一个或两个方向的线性路径,来排列生成的引用。其线性路径的行和列可以是直线、圆弧、样条曲线或修剪的椭圆。在阵列中,特征的所有引用为一个特征,但在浏览器中单个引用将列在该阵列特征图标下。可以抑制或恢复所有引用或单个引用。

考生应熟练使用沿路径阵列的方式。并了解"更多"按钮中"计算"与"方向"两部分设置的含义和效果。

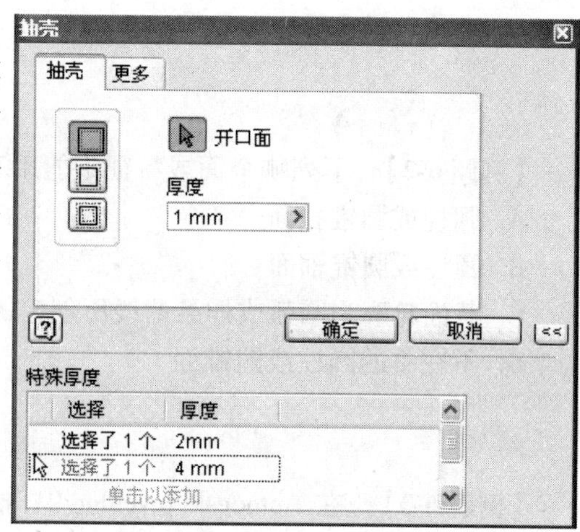

图 6-9　抽壳特征对话框

6.2.5.2　环形阵列

复制一个或多个特征,然后在圆弧或圆中按照指定的数量和间距排列所得到的引用。在阵列中,特征的所有引用是一个特征,但是在浏览器中单个引用将列在阵列特征图标下。可以抑制或恢复所有引用或单个引用。

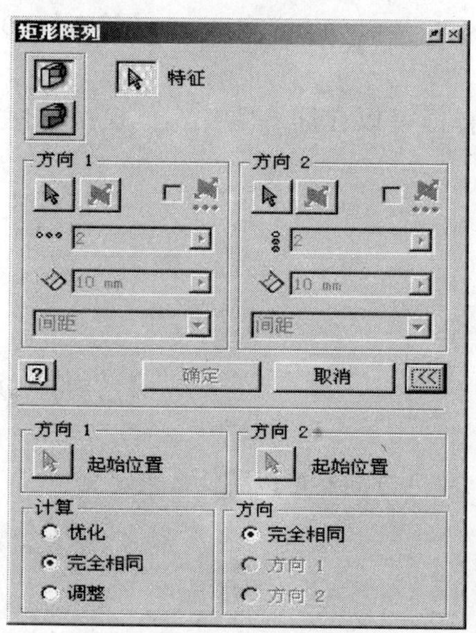

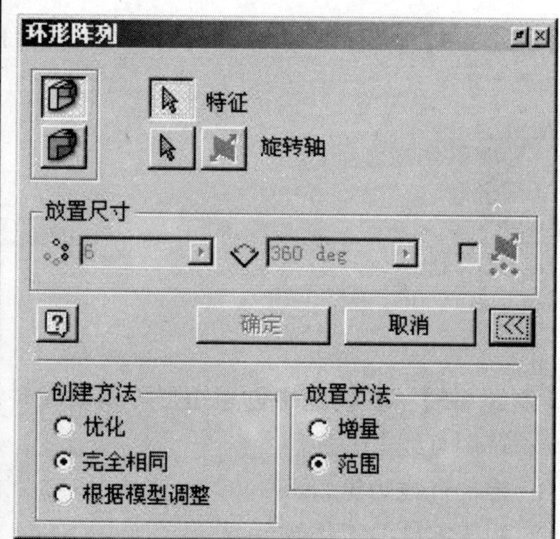

图 6-10　矩形阵列与环形阵列

6.3　试题与答案

【例题 6-1】　在倒圆角时,采用哪种方法可以从已选择的边界中,去除某一边界?

A. 按住"Shift"键,选择边界

B. 按住"F1"键,选择边界

C. 按住"Alt"键,选择边界

D. 直接选择边界

【答案】 A

【例题 6-2】 下列哪个面或特征不能用于创建螺纹特征？

A. 圆柱或圆锥孔面

B. 圆柱或圆锥轴面

C. 截面轮廓为圆弧或样条曲线所创建的旋转曲面

D. 不完整的圆柱或圆锥面

【答案】 C

【例题 6-3】 在 Autodesk Inventor 中，抽壳特征可以在同一零件创建几个不同厚度的面？

A. 1

B. 2

C. 3

D. 无限制

【答案】 D

【例题 6-4】 在 Autodesk Inventor 中，抽壳特征可以在同一零件实体模型上使用多少次？

A. 1

B. 2

C. 3

D. 无限制

【答案】 D

【例题 6-5】 在装配中创建矩形阵列装配时，阵列方向不可以用什么来定义？

A. 草图直线

B. 零件直线边界

C. 属于零件的工作轴

D. 属于装配的工作轴

【答案】 A

第七章　创建工作特征

7.1　考试要求

(1)掌握应用“工作平面”工具创建工作平面。

(2)掌握应用“工作轴”工具创建工作轴。

(3)掌握应用“工作点”工具创建工作点。

(4)了解应用“固定工作点”工具在三维空间创建固定工作点。

7.2　知识要点

工作特征也称作定位特征,是抽象的构造几何图元,在几何图元不足以创建和定位新特征时,可以使用工作特征。要固定位置和形状,请将特征约束到工作特征上。

工作特征包括工作平面、工作轴和工作点。

7.2.1　创建工作平面

在零件中,工作平面是一个无限大的构造平面,该平面被参数化附着于某个特征。在部件中,工作平面与现有的零部件相约束。

工作平面可以放置在空间中的任何位置、从现有面偏移或绕轴或边旋转。工作平面可用作草图平面,可以标注尺寸或约束到其他特征或零部件上。在部件中,可以在单独零部件的两个平面之间创建工作平面。

每个工作平面都有自己内在的坐标系。选择几何图元的顺序决定了坐标系的原点和正向。

在零件中,可以在使用其他定位特征工具时创建内嵌工作平面。一旦创建了工作平面,“工作平面”工具便终止。

注意:如果需要,请调整工作平面的尺寸。如果需要,在工作平面上单击鼠标右键,然后清除“自动调整尺寸”的复选标记。单击其中一个工作平面拐角上的夹点控点并拖动以调整尺寸。

创建工作平面的方法包括:

- 三点工作平面
- 工作平面过边并与面相切
- 工作平面过点并与轴垂直
- 工作平面过两条共面的边

- 工作平面从某个面偏移
- 工作平面与某个面或平面成一定角度
- 工作平面过一点并与平面平行
- 工作平面与曲面相切并与平面平行
- 工作平面与圆柱体相切
- 工作平面过曲线上的一点与曲线垂直
- 对分两个平行平面的工作平面

注:考生需熟练应用以上各种方法创建工作平面。

7.2.2 创建工作轴

工作轴是参数化附着在零件上的无限长的构造线。在部件中,工作轴与现有的零部件相约束。

注意:如果合适,请调整工作轴尺寸。如果需要,在工作轴上单击鼠标右键,然后清除“自动调整尺寸”的复选标记。单击其中一个工作轴端上的夹点控点并拖动以调整尺寸。

创建工作轴的方法包括:

- 过旋转面或特征的工作轴
- 过两点的工作轴
- 过两平面交线的工作轴
- 过一点且垂直于某平面的工作轴
- 沿线性边的工作轴
- 沿草图直线的工作轴
- 沿三维草图直线的工作轴
- 与沿法向投影到平面上的直线端点重合的工作轴

注:考生需熟练应用以上各种方法创建工作轴。

7.2.3 创建工作点

工作点是参数化构造点,可以放置在零件几何图元、构造几何图形或三维空间中。在部件中,不能在直线的中点创建工作点。

可以将工作点放置在零件面、模型曲面、构造曲面和基础曲面的孔和切割上。当“回路选择模式”处于激活状态时,您可以将工作点放置在任何封闭回路中。

创建工作点的方法包括:

- 三个平面相交处的工作点
- 两条直线相交处的工作点
- 顶点处的工作点
- 中点处的工作点
- 二维或三维草图点处的工作点
- 平面和工作轴(或直线)相交处的工作点

- 曲面和直线相交处的工作点
- 平面和曲线交点处的工作点
- 固定工作点处的工作点

注:考生需熟练应用以上各种方法创建工作点。

7.2.4　应用“固定工作点”工具在三维空间创建固定工作点

固定工作点删除了所有自由度,因此在空间中保持固定。非固定工作点可以通过尺寸和约束重定位。

在零件文件的“特征”工具栏上,单击“工作点”工具上的向下箭头以使用“固定工作点”工具。在零件文件中创建固定工作点时,可以使用“三维移动/旋转”工具指定相对于固定工作点的某些操作。或者,以后使用关联菜单上的“三维移动/旋转”选项来重置工作点。

在部件中,先创建工作点,单击鼠标右键,然后从关联菜单中选择“固定”。

7.3　试题与答案

【例题 7-1】　以下哪个不可作为固定工作点的起始点?

A. 草图点、草图圆心

B. 草图线端点

C. 两个草图线的交点

D. 模型边界中点

【答案】　C

第八章　创建和编辑工程图

8.1　考试要求

(1)掌握图纸和尺寸样式标准的设定方式。

(2)掌握应用工程图工具,创建基础和投影视图。

(3)掌握编辑视图及特性、删除视图的方法。

(4)在视图中应用自动中心线。

(5)了解如何在视图中应用自动中心线。

(6)熟悉创建孔和螺纹孔标注的方法。

(7)了解应用工程图资源。

8.2　知识要点

Inventor 能够在已有三维模型的基础上创建包含多张图纸在内的工程图文件,其默认格式为. idw 格式。

创建工程图纸的一般过程:

- 创建实体的基础视图。
- 投影视图和斜视图。
- 添加等轴测视图。
- 剖视图。
- 模型尺寸。
- 工程图尺寸。
- 明细表和引出序号。

8.2.1　图纸和尺寸样式标准的设定方式

图纸格式属于工程图资源,它使用标准元素(如图纸尺寸和形状)创建新格式化的图纸、定义标题栏和图框并且设置标准工程视图。

工程图尺寸样式可由样式和标准编辑器控制。激活的标准提供了一组默认样式,其中包括尺寸样式。可以添加或编辑尺寸样式以控制度量单位、精度、线样式和箭头样式、文本样式、公差格式,以及很多其他的尺寸属性。对与激活的标准关联的默认样式的更改只影响当前文档。

图纸格式和尺寸样式标准都将保存在当前工程图文件中,将此文件保存在软件安装目录\Inventor 2008\ Templates 目录下，即可作为工程图模板。如果使用此模板新建工程图，则设置的图纸格式和尺寸样式都将自动应用在新建的工程图中。

考生需要掌握创建工程图模板的方法，能够查看、编辑、修改工程图模板中的工程图资源以及能够设定、修改尺寸标注样式。

8.2.2　创建基础和投影视图

8.2.2.1　创建基础视图

新工程图中的第一个视图是基础视图。如图 8-1 所示，使用“工程视图”工具面板上的“基础视图”按钮可以向工程图中添加其他基础视图。

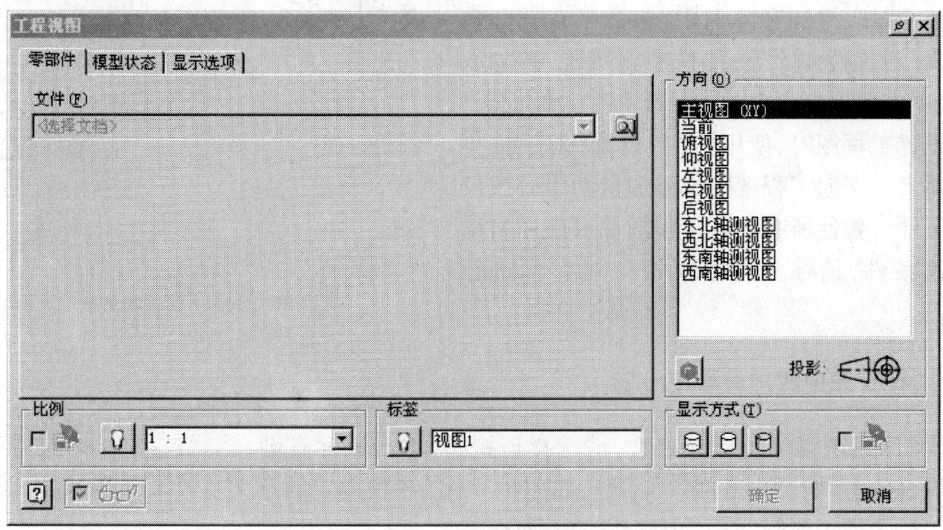

图 8-1　添加基础视图

考生需要了解添加基础视图中“工程视图”对话框中的“改变视图方向”、“显示方式”等设置的效果及意义。能够根据模型文件类型，选择设计视图表示方法、iAssembly 成员、位置表达、详细等级表达、钣金视图、焊接件组或表达视图。能够指定基础视图比例、标签信息和显示样式。

注：可以创建仅包含草图的零件视图。二维草图必须与视图平行。

8.2.2.2　创建投影视图

根据工程图的制图标准，可以用一角或三角投影法来创建投影视图。在创建投影视图之前，必须先有一个基础视图。使用“工程视图”工具面板上的“投影视图”按钮，可以一次性创建多投影视图。

注：默认情况多视图投影与父视图对齐，并且继承其比例和显示设置。轴测投影不与父视图对齐。它们的默认比例与父视图相同，但并不随父视图比例的改变而更新。

8.2.3　编辑视图及特性、删除视图的方法

如图 8-2 所示，选择已有的基础视图或投影视图的视图红色边框，打开右键关联菜单，

可以选择编辑视图、删除视图等命令，并对视图进行相应操作。

编辑视图可以更改工程视图的标签、比例、显示样式和其他属性。

注：如果您删除具有从属投影视图、剖视图、局部视图或斜视图的视图，则这些视图会自动删除。

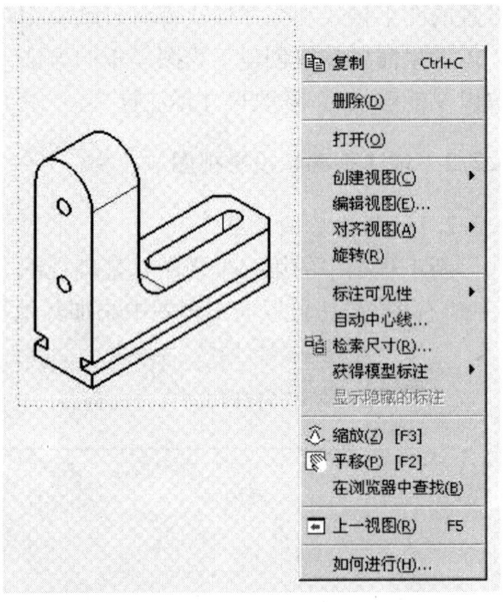

图 8-2 视图右键关联菜单

8.2.4 在视图中应用自动中心线

Inventor 可以将自动中心线和中心标记添加到圆、圆弧、椭圆和阵列中，包括带有孔和拉伸切割(对称拉伸除外)的模型。同样，iFeature 和 iPart 也可以包含自动中心线和中心标记。

设置工程图时，使用“文档设置”对话框中的选项来定义向工程视图中添加自动中心线的默认条件。要使所有的新工程图都可使用自动中心线条件，请在工程图模板中对它们进行设置。

8.2.5 在视图中应用自动中心线

要向视图中添加自动中心线，请选择该视图，单击鼠标右键，然后选择“自动中心线”。考生应该熟悉“自动中心线”对话框，如图 8-3 中的各项设定的意义及效果，能够应用半径阈值和圆弧角度阈值限制自动中心线的添加。

图 8-3 自动中心线

8.2.6 熟悉创建孔和螺纹孔标注的方法

使用“工程图标注面板”上的“孔/螺纹尺寸”按钮可以添加带有指引线的孔/螺纹尺寸。尺寸的默认格式和内容由孔尺寸的关联尺寸样式中的“尺寸/指引线”选项卡上的设置确定。

在工程视图中，可以将孔/螺纹尺寸添加到使用孔特征或螺纹特征工具创建的零件特征中。此外，孔尺寸还可以添加到拉伸切割(除对称拉伸)、iFeature、阵列中的孔以及钣金展开模式中。

在侧视图中，可以选择线性边来定位孔/螺纹尺寸。

注意：如果在拉伸切割孔上放置螺纹，选择的螺纹或孔边将确定是否创建螺纹/孔尺寸。

8.2.7　了解应用工程图资源

工程图浏览器中的"工程图资源"文件夹(图8-4)包含了图纸格式、标题栏、图框以及用来添加和设置新图纸的略图符号的文件夹。可以自定义或将它们添加到工程图资源,然后将它们保存到模板文件中。

注:可以将工程图资源从一个工程图的浏览器复制并粘贴到另一个工程图的浏览器;若要将一个源文件中的工程图资源复制到多个目标文件,请使用工程图资源传递向导。

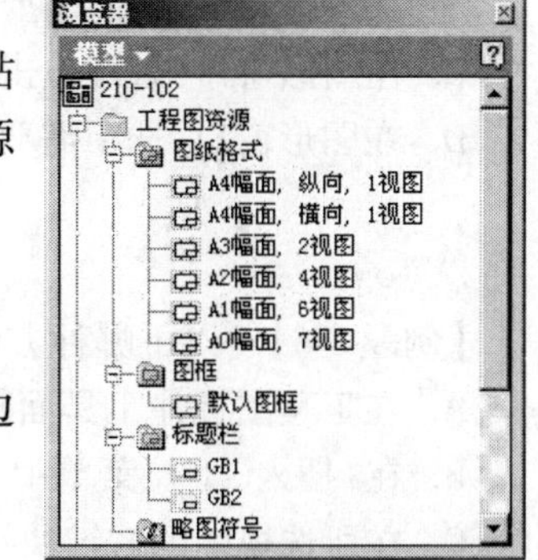

图8-4　工程图资源

8.3　试题与答案

【例题8-1】　在ANSI (in) C大小的图纸中,参考零件边所在的图层上缺省的线宽是多少英寸(in)?

A. 0.025

B. 0.028

C. 0.031

D. 0.034

【答案】　B

【例题8-2】　如何设置图纸中的尺寸精度?

A. 在工具下拉菜单中,选择文档设置,然后在"文档设置"对话框中进行设置

B. 在"样式和标准编辑器"对话框中,尺寸样式编辑选项中"单位"选项卡中设置

C. 在"样式和标准编辑器"对话框中,尺寸样式编辑选项中"文本"选项卡中设置

D. 在"样式和标准编辑器"对话框中,尺寸样式编辑选项中"公差"选项卡中设置

【答案】　B

【例题8-3】　如果要改变视图的设置与它们的父视图不一样,首先必须关掉哪个选项?

A. 显示内容

B. 与父视图显示方式一致

C. 修改视图特性

D. 在父视图中显示投影线

【答案】　B

【例题8-4】　当基础视图被删除后怎样保留子视图?

A. 在"编辑视图"对话框中选择"与父视图显示方式一致"

B. 在按着"Ctrl"键时删除基础视图

C. 在"删除视图"对话框中的底部改变各个视图的删除设置

D. 拖拽视图到其他图纸

【答案】 C

【例题 8-5】 以下哪种方法,不可以编辑一个视图?

A. 在图形窗口,双击需要编辑的视图

B. 在浏览器中,双击需要编辑的视图

C. 在图形窗口,右键单击所选视图,然后在右键快捷菜单中,选择“编辑视图”

D. 在图形窗口,选中需要编辑的视图,然后在编辑下拉菜单中选择“编辑视图”

【答案】 D

【例题 8-6】 以下哪种方法,可以在视图中应用自动中心线?

A. 在工程图标注工具面板中,选择“自动中心线”

B. 在“插入”下拉菜单中,选择“自动中心线”

C. 在所选视图的右键快捷菜单中,选择“自动中心线”

D. 双击所选视图,在“编辑视图”对话框中设置“自动中心线”

【答案】 C

第九章　创建和编辑装配模型

9.1　考试要求

(1)掌握在装配中给零部件添加“配合”、“对准角度”、“相切”和“插入”装配约束。

(2)掌握在装配中给零部件添加“运动”和“过渡”装配约束。

(3)掌握编辑装配约束的方法。

(4)熟悉应用欠约束的自适应特征的方法。

(5)掌握检查零件间干涉的方法。

(6)熟悉“测量距离”、“测量角度”、“测量周长”和“测量面积”等分析工具的应用。

(7)掌握如何创建表达视图。

(8)熟悉调整表达视图中零部件位置。

(9)了解如何创建、设置和编辑装配中零部件的引出序号。

(10)了解如何创建、设置和编辑装配中零部件的明细表。

(11)了解如何在工程图环境中,使用装配浏览器。

9.2　知识要点

运用 Inventor 软件可以实现自上而下和自下而上两种流程的设计,用户既可在部件环境中装入已有的零部件进行装配,也可以在部件环境中在位创建新的零部件。零件的任意修改都将在部件中更新。应用自适应技术,可以使用装配约束调整零件或子部件之间的位置及尺寸的关系。

部件环境中,软件提供各种分析工具,包括:部件的总体质量计算、静态干涉检查、通过驱动约束进行运动仿真并动态干涉检查、自由度检查、距离角度测定、BOM 表格的输出等等。

部件环境中,可以调入表达视图模块生成部件的爆炸视图,动态装配的模拟仿真;

部件环境中,可以调入工程图纸模块生成装配图纸,包括标注零部件序号和列出明细表格。

9.2.1　掌握在装配中给零部件添加“配合”、“对准角度”、“相切”和“插入”装配约束

装配约束限制了零部件相互之间的运动。用户通过添加约束来构造部件,确定零件和子部件之间的位置关系。

如图 9-1 所示,Inventor 提供 4 种装配约束类型(自左至右):配合(mate)、对准角度(angle)、相切(tangent)、插入(insert)。

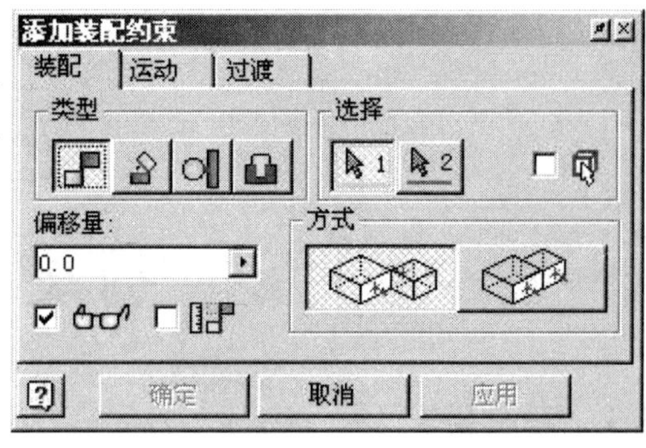

图 9-1　装配约束

■ 配合:配合约束将是一个零件上的几何单元与另一个零件上的几何单元保持一致。

- 相对方案:包括两个面共面并且法向相对、两根轴共线、点在面或者线上。
- 平齐方案:两个面共面并且法向指向相同一个方向。

■ 对准角度:定义两个零件上的面、轴、线之间的角度,多用于驱动约束仿真。

■ 相切:相切约束导致柱面、球面、锥面、平面之间相切于某一点,包括外切和内切。其中的一个对象必须是非平面,但是不能是由多义线创建的面。

■ 插入:插入约束导致一个零件上的圆形边界与另一个零件的圆形边界同心,并且边界所处的平面做配合约束。

选择零件的面、边、点为装配对象,选择后会出现箭头显示方向。点击选择按钮可重新选择。

注:选择对象的技巧:

- 点取“拾取零件”的命令,先选择零件对象再选择零件的面、边、点;
- 将显示模式设定为线框显示;
- 暂时将遮挡待选对象的零件的可见性关闭;
- 应用智能鼠标右键选择其他对象。

偏移量:

对于配合和插入输入的数据为配合偏移量;对于对准角度输入的数据为生成的角度值。

9.2.2 掌握在装配中给零部件添加“运动”和“过渡”装配约束(图 9-2)

运动约束:运动约束指定了零部件之间的预定运动。因为它们只在剩余自由度上运转,所以不会与位置约束冲突、不会改变自适应零件的尺寸或移动固定零部件。约束类型(转

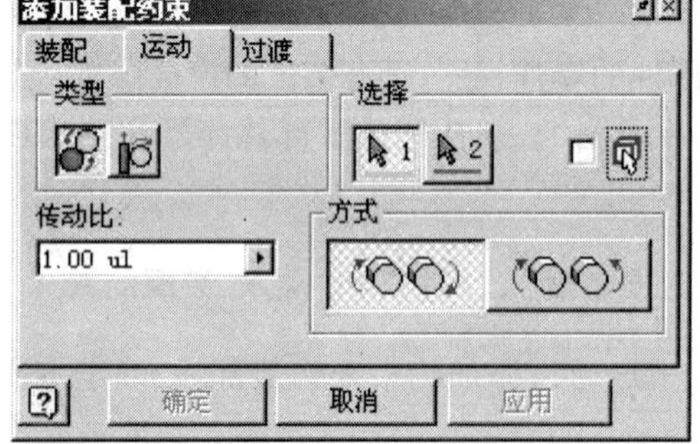

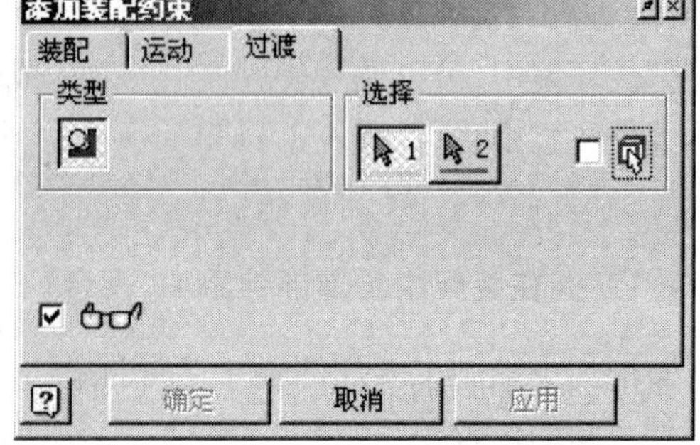

图 9-2　运动约束和过渡约束

动和平动)确定了所选零部件之间预定动作的方式。可以在线性的、平面的、圆柱的、圆锥形的元素之间应用。

过渡约束:过渡约束指定了(典型的是)圆柱形零件面和另一个零件的一系列邻近面之间的预定关系,例如插槽中的凸轮。当零部件沿着开放的自由度滑动时,过渡约束会保持面与面之间的接触。

9.2.3　编辑装配约束的方法

- 数值编辑

单击将要编辑的约束,浏览器的底部出现数值输入框,可重新输入数值。

- 类型编辑

双击将要编辑的约束,出现添加装配约束对话框,在其中重新定义约束对象。

- 抑制约束

在部件中抑制现有约束使某个约束暂时不起作用,解除抑制返回至最初的约束状态。注意抑制与删除的区别。

9.2.4　熟悉应用欠约束的自适应特征的方法

Inventor 提供的自适应技术,允许设计者按照自己的思路进行设计,能够做到自适应特征根据装配约束的要求自动地修改造型尺寸。并且这种自适应是双向的,可以做到任意零件之间的相互适应。

通常在下列情况下使用自适应模型:

- 如果部件设计没有完全确定,并且在某个位置需要一个零件或子部件,但它的最终尺寸还不知道。
- 一个特征的位置或尺寸由部件中的另一个零件的特征的位置或尺寸所确定。

可以被指定为自适应的欠约束的几何图元包括:

- 由未标注的草图几何图元创建的特征;
- 具有未定义的角度或长度的特征;
- 参照其他零件上的几何图元的定位特征;
- 包含自适应草图或特征的零件;
- 包含带自适应草图或特征的零件的子部件。

拉伸特征、旋转特征、孔特征均可以设置为自适应。即将应用自适应的特征,其草图不可在自适应的方向添加尺寸约束,尺寸约束和几何约束都将限制自适应驱动特征变化。如:长度尺寸将限制长度方向上的自适应;平行约束和垂直约束将限制角度方向的自适应,轴线与草图之间的尺寸将限制回转特征径向方向的自适应。

9.2.5　掌握检查零件间干涉的方法

检查所选零部件集的干涉。如果发现了干涉,会临时显示干涉体积。报告描述了干涉零部件和干涉实体质心的位置和体积。如果没有发现干涉,将显示相应的消息。

选择要检查干涉的一个或两个零部件集。集之间的干涉将被检查，或者如果子部件或零部件组作为单个集被选择，将在集内部进行干涉检查。

定义选择集 1　选择一个或多个要检查的零部件作为一组。

定义选择集 2　选择一个或多个要检查的零部件作为一组。

注：要检查一组零部件之间的干涉，请选择选择集 1 中的所有零部件，然后单击“确定”。

考生应了解定义选择集的各种方式及意义。

9.2.6　“测量距离”、“测量角度”、“测量周长”和“测量面积”等分析工具的应用

使用“工具”菜单上的“测量”工具可以测量距离、角度、周长或面积。结果显示在测量框中。

- 测量距离

测量直线长度、圆弧长度、两点间的距离、圆的半径和直径、部件中两个零部件之间的距离（最小距离）、两个面之间的距离或元素相当于激活坐标系的位置。

单击左侧的箭头以将选择优先级更改为“零部件”、“零件”或“边和面”。

- 测量角度

测量两条直线、边或点之间的角度。

- 测量周长

测量由面边界或其他几何图元定义的封闭回路的长度。

- 测量面积

测量封闭区域的面积。

注：考生应熟练使用此类分析工具进行模型数据的测量，并能够了解累加的使用及显示精度的设置。

9.2.7　创建表达视图

使用 Inventor 软件，能够创建部件的表达视图文件（.ipn），通过调整零件之间的位置关系生成产品结构的爆炸视图，并且进行照相机的设置模拟产品的装配过程。表达视图操作界面如图 9-3 所示。

表达视图所描述的是产品中零件和子部件之间的位置关系，生成的爆炸视图可以直接输出二维图形格式，用于打印产品说明；生成的装配模拟动画通过 AVI 文件格式可用所有 WINDOWS 系统中的媒体播放器，为生产和维修部门提供动态演示。

创建表达视图的步骤：

- 给零部件添加位置参数和轨迹。
- 编辑位置参数和轨迹。
- 使用步进旋转方法验证零部件的位置。
- 制作表达视图动画。

创建表达视图的方法：

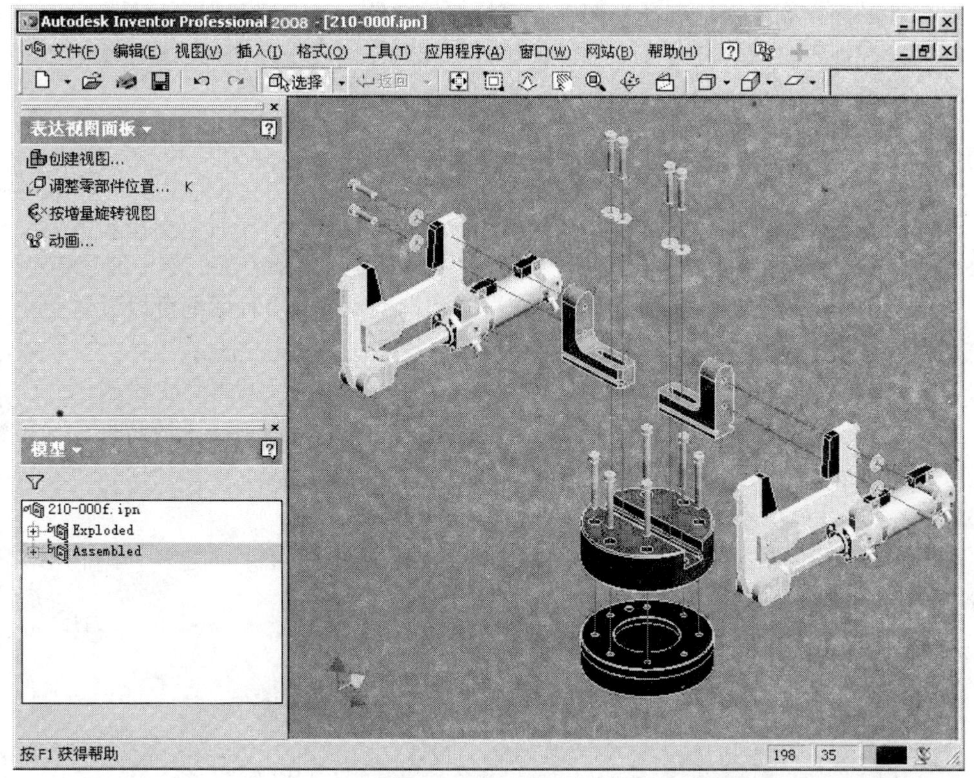

图 9-3　表达视图

进入表达视图模板文件(Standard. ipn),选择将要生成表达视图的装配文件,定义设计视图,选择分解方式。

- 手动方式:手工调整分解对象和距离;
- 自动方式:将全部零件按照输入的距离分解并创建轨迹线。强烈建议使用手动方式。

注:考生应了解轨迹线的隐藏方式等内容。

9.2.8　调整表达视图中零部件位置

要创建表达视图,必须调整零部件的位置并添加轨迹,以便指示它们在部件中对于固定零部件的相对位置。

首先,放大观察以便看清楚创建时的位置参数状况。

选择分解对象,可单选、多选;选择运动的坐标系;给定运动数据(可用鼠标拖动)。

注意:在每一次定义一个分解之后,在"调整零部件位置"对话框中单击"清除"按钮清除选择集中的内容。

考生需了解表达视图浏览器中在不同的视图模式下编辑的功能和方法:

- 分解视图将位置参数设置在每个表达视图详细层次的顶部。其下列出了每个位置参数包含的零部件。表达视图中使用的部件文件显示在视图列表的最后。
- 顺序视图将任务设置在每个视图详细层次的顶部。组成任务的位置参数顺序列出在顺序视图下面。表达视图中使用的部件文件显示在视图列表的最后。

- 装配视图将部件及其零部件设置在每个视图详细层次的顶部。位置参数下列出了影响每个零部件的位置参数。

9.2.9 在装配图中创建、设置和编辑装配中零部件的引出序号

创建工程视图后,可以向该视图中的零件和子部件添加引出序号。引出序号就是一个标注标志,用于标识明细表中列出的项。引出序号的编号与明细表中的零件编号相对应。

可以为引出序号定义默认格式。使用“样式和标准编辑器”对话框可以设置引出序号样式的格式选项。

9.2.9.1 为单个零件添加引出序号

如果在添加引出序号之前创建明细表,引出序号将使用明细表指定的特性。如果视图没有关联明细表,将打开“BOM 表特性”对话框,从中可以设置特性。

9.2.9.2 自动引出序号

如图9-4 所示,使用“自动引出序号”可以为工程视图中所选的零部件创建多个项目引出序号。

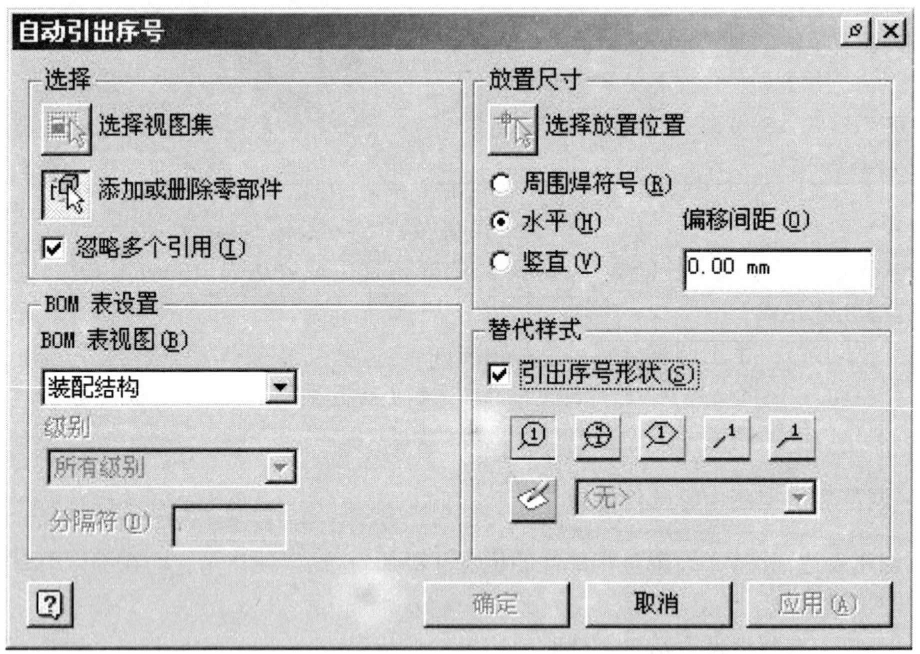

图9-4 自动引出序号

9.2.9.3 编辑和更改零部件的引用序号

在引出序号的右键关联菜单中可以:

(1)更改引出序号类型;

(2)更改引出序号中显示的值;

(3)更改箭头;

(4)删除引出序号;

(5)为指引线添加顶点;

(6)对齐工程视图中的引出序号。

注:考生应了解 BOM 表特性与引出序号之间的关系,并能够熟练的添加、编辑、修改引出序号。

9.2.10　创建、设置和编辑装配中零部件的明细表

创建工程图后,可以添加明细表,如图 9-5 所示。明细表由 BOM 表生成,并显示在 BOM 表数据库中列出的全部或部分零件和子部件。明细表可以显示四种类型的信息(仅零件或结构化)。

- 结构化;
- 仅零件;
- 结构化(旧的);
- 仅零件(旧的)。

注:考生应了解“表拆分”的意义和使用方法。

可以为明细表的显示定义标准格式。使用“样式和标准编辑器”添加或编辑可用样式,包括明细表。可以为当前文档定义明细表的外观和显示。如果要针对特定明细表使用不同的格式,可以在创建明细表时或将明细表放置到工程图中之后修改其格式。也可以将明细表与通过“标准”工具栏上的“样式”列表选择的不同样式相关联。

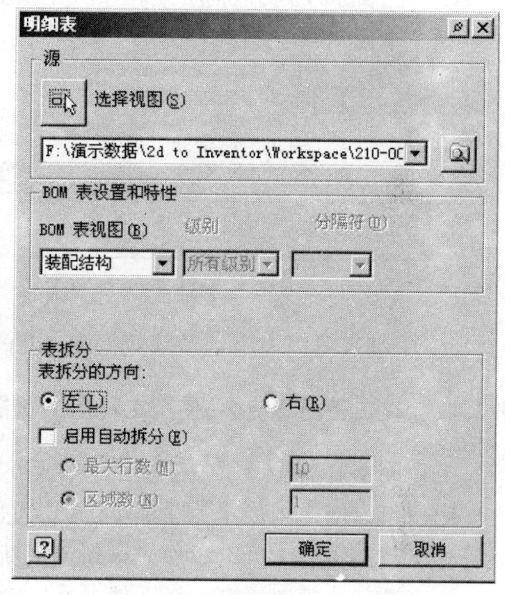

图 9-5　明细表

将明细表放置到工程图中后,可以修改其设置。在浏览器或图形窗口中的明细表上单击鼠标右键,然后选择“编辑明细表”,如图 9-6 所示显示“编辑明细表”以:

- 在明细表中添加列及从中删除列。
- 将行分组到一个常用行中。
- 对明细表进行排序。
- 将明细表数据输出到外部文件。
- 修改明细表布局。
- 对明细表中的项重新编号。
- 在明细表中添加或删除自定义零件。
- 将一个特性字段的值替换成其他值。也可以将一个特性字段的值的总和替换成其他值。
- 定义包括度量单位在内的格式化特性。
- 更改明细表标题及其位置。

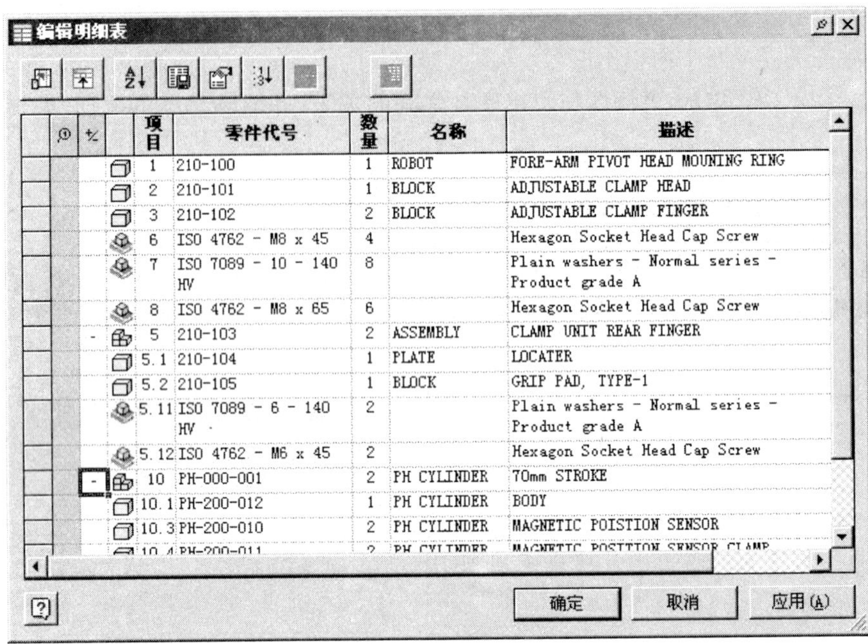

图 9-6 编辑明细表

注：明细表可以输出到外部数据库、电子表格或文本文件，考生需了解输出的格式种类。

9.2.11 在工程图环境中，使用工程图浏览器

工程图浏览器显示了关于图纸、视图和文件状态的信息。

用户可以使用浏览器关联菜单选项，通过添加、编辑、删除、重新定义和按名称排序等方式管理工程图资源。可以添加或重新定义新图框、标题栏和略图符号并编辑工程视图。

位于浏览器顶端的第一个文件夹是“工程图资源”。可以展开“工程图资源”来显示在工程图中可用的图纸格式、标题栏、图框和略图符号的定义。可以自定义、添加或删除“工程图资源”中的项。

浏览器包含工程图资源的定义。在工程图中放置资源时，将放置一个引用。

有时某工程图包含用户想在其他工程图中使用的工程图资源，如标题栏中的公司徽标。可以复制源工程图中的工程图资源然后将它粘贴到目标工程图。

9.3 试题与答案

【例题 9-1】 以下哪个几何形状之间不可以使用配合约束？

A. 球面和球面

B. 圆柱面和圆柱面

C. 圆锥面和圆锥面

D. 放样曲面和放样曲面

【答案】 D

【例题 9-2】 什么装配约束指定了圆柱形零件面和另一个零件的一系列邻近面之间的预定关系，当圆柱形零件沿着开放的自由度滑动时，该约束会保持面与面之间的接触关系。

A. 面配合

B. 转动—平动

C. 边界配合

D. 过渡

【答案】 D

【例题 9-3】 什么装配约束可以模拟齿轮和齿条的运动？

A. 面配合

B. 转动—平动

C. 相切

D. 过渡

【答案】 B

【例题 9-4】 什么装配约束可以模拟蜗轮和蜗杆的运动？

A. 转动—转动

B. 转动—平动

C. 相切

D. 过渡

【答案】 A

【例题 9-5】 用什么方法可以编辑装配约束？

A. 选择零件的约束然后在“编辑”下拉菜单中选择“装配约束”

B. 选择零件优先的选项，然后在图形窗口双击零件模型

C. 选择在零件包含的装配约束，单击右键，然后选择“编辑”

D. 在浏览器中的装配约束名上单击右键，然后选择“编辑”

【答案】 D

【例题 9-6】 如果一个装配约束和其他的装配约束冲突，就会在浏览器中该约束的前面出现一个带圆圈惊叹号图标，请问这个圆圈的缺省填充颜色是什么？

A. 灰色

B. 红色

C. 白色

D. 黄色

【答案】 D

第十章　复杂草图

10.1　考试要求

(1)掌握在草图中应用构造几何图元。

(2)掌握在草图中创建 2D 样条曲线和椭圆。

(3)熟悉如何创建相切的 3D 样条曲线。

(4)熟悉应用共享草图的方法。

(5)熟悉在草图中应用镜像工具和对称约束。

(6)了解在草图中插入图像文件的类型。

(7)掌握将草图建立在其他零件的面上,以及切片观察和投影其边界。

(9)了解如何在草图和特征中应用参数和方程表达式。

(10)了解如何在草图和特征中使用零件尺寸公差。

10.2　知识要点

本章对草图设计中较为复杂的应用内容进行考核,正确的使用各种草图绘制、控制命令能够更为快捷、方便的辅助完成设计工作。

10.2.1　在草图中应用构造几何图元

构造几何图元是指用来辅助创建草图或特征但不用来定义截面轮廓和扫掠路径的几何图元。线的样式表明了哪些曲线是构造几何图元。

可以使用"草图"工具栏上的"构造"命令工具,来创建几何图元。构造几何图元用于约束复杂的草图。简单的草图形状不需要构造几何图元,可用构造几何图元来控制截面轮廓的大小和形状。构造几何图元一样可以通过添加约束和尺寸控制其几何特性。

构造几何图元的创建方式:

(1)在"标准"工具栏上,单击"构造"工具切换到构造几何图元。

(2)在图形窗口中使用草图工具根据需要创建构造几何图元。

(3)再次单击"构造"工具,切换到正常草图样式。

可使用"草图"工具栏上的草图工具创建几何图元,然后选中该几何图元。单击"构造"工具,将选定的几何图元更改为构造样式。

10.2.2　在草图中创建 2D 样条曲线和椭圆

10.2.2.1　在草图中创建 2D 样条曲线

样条曲线是通过一系列点且半径连续改变的曲线。可以部分或完全约束样条曲线点。用户可以在绘制曲线时就参照现有几何图元来约束样条曲线点，或者留待以后再添加约束和尺寸。

除了可通过移动或约束样条曲线点来修改样条曲线的形状之外，您还可以在样条曲线上单击鼠标右键，沿样条曲线添加点，沿曲线各点检查曲率半径，显示约束，更改拟合方式，然后将开放的样条曲线闭合。

考生需要明确以下编辑样条曲线的方法和意义：

■ 使用"选择"工具来单击样条曲线的端点或中间任意一点，然后将该点拖动到另一位置。

■ 将约束到样条曲线点上的几何图元拖动到另一位置。

■ 添加约束以控制样条曲线和其他几何图元间的关系：

- 在样条曲线与其他曲线之间放置相切约束。
- 将约束添加到样条曲线点，或添加到样条曲线点和其他几何图元之间。
- 向控制点和曲率栏添加约束来指定样条曲线和其他几何图元间的关系。

■ 添加尺寸以控制样条曲线的大小。

- 在样条曲线各点之间，或样条曲线点和其他几何图元之间添加尺寸。
- 向曲率栏添加半径尺寸以控制某一点处的样条曲线圆弧半径。
- 向控制柄添加无量纲长度尺寸以调整控点栏与样条曲线相切的距离。

■ 单击鼠标右键以使用关联菜单选项：

- 使用"闭合样条曲线"来连接样条曲线的起点和终点。
- 使用"插入点"来添加控制点。
- 使用"样条曲线张力"通过滑块控制的方法调整样条曲线的松紧程度。
- 使用"拟合方式"调整样条曲线上的点之间的过渡方式。
- 使用"显示曲率"选项打开样条曲线的曲率梳，来显示样本曲线曲率和整体平滑度。

10.2.2.2　在草图中创建椭圆

使用"草图"工具栏上的"椭圆"工具，来创建椭圆。通过定义中心点、长轴和短轴来构造椭圆。

注：用户可以使用"偏移"工具创建自椭圆的偏移。根据初始椭圆上选择的偏移点的不同，偏移结果可以是数学椭圆或关联样条曲线。

10.2.3　创建相切的 3D 样条曲线

在三维草图中，单击"三维草图"工具栏的"直线"/"样条曲线"工具上的下拉箭头，然后单击"样条曲线"工具，可以创建 3D 样条曲线。

在三维草图中,可以以下方式编辑控制样条曲线:

- 对三维草图中的其他曲线应用相切约束。放置约束时,请先选择样条曲线,然后选择其他曲线。
- 添加重合约束,然后拆离并重新附着三维直线线段和样条曲线的端点。可以删除重合约束,并使用"三维重合"约束工具将直线端点重新附着到现有的几何图元或模型边。
- 在样条曲线中插入点,然后在其他几何图元中添加约束,以重新设置样条曲线的形状。
- 将无单位尺寸添加到控点栏,以控制控制柄与样条曲线相切的距离。只有在相切约束添加到样条曲线后,控点栏才可用。
- 在样条曲线端点和其他草图几何图元间添加尺寸。

在样条曲线上单击鼠标右键以使用关联菜单选项:

- 使用"拟合方式"调整点之间样条曲线的过渡方式。
- 使用"插入点"在样条曲线上添加控制点。
- 使用"分割样条曲线"在样条曲线点剪切样条曲线。
- 使用"闭合样条曲线",通过连接样条曲线的起点和终点创建闭合回路。
- 使用"显示曲率"帮助显示拟合方式之间的差异,然后使用"拟合方式"根据需要更改样条曲线的曲率。
- 使用"样条曲线张力"通过滑块控制的方法调整样条曲线的松紧程度。
- 使用"显示所有约束",然后根据需要删除或添加约束。
- 使用"控制点" > "控制柄"调整控点柄的长度,修改样条曲线与控制柄相切的距离。

10.2.4 应用共享草图的方法

在 Inventor 中,用户可以重复使用已被特征退化的草图、曲面特征或定位特征。草图或特征被自动复制,放置在浏览器中其父特征上方,并被标记为共享。退化的特征或草图嵌套在特征之下,标记为共享,并关闭可见性。对草图或特征所做的全部更改或所添加的全部内容均会更新共享该项目的所有特征。

共享草图的操作方法:

(1)在浏览器中:

- 找到共享的特征,或找到包含要共享的草图的特征

(2)单击加号以显示该特征的草图或特征图标。

(3)在草图或特征图标上单击鼠标右键,然后从关联菜单中进行选择。

- 对于草图,选择"共享草图"。
- 对于曲面特征或定位特征,选择"共享"。

该共享草图将被复制,并被放置到浏览器中其父特征的上方。如果需要,可以添加尺寸、约束或新的几何图元。

10.2.5　在草图中应用镜像工具和对称约束

使用“草图”工具栏上的“镜像”工具，沿中心线镜像草图几何图元。草图几何图元会将镜像线用作其镜像轴进行镜像。相等约束自动应用到镜像的双方，但在镜像完毕后，用户可以删除或编辑某些线段，同时其余的线段仍然保持对称约束。应用对称约束后，被约束的几何图元也会重定位。对称线可以是任何线型，并且必须保留在草图中，否则与其关联的所有对称约束将被删除。

注：考生应明确两者之间的关系，并能够在草图绘制过程中灵活应用。

10.2.6　在草图中插入图像文件的类型

用户可能需要在零件中添加图片以表现贴图、着色或丝网印刷的应用。使用“插入图像”工具，将图片添加到草图，然后使用“贴图”或“凸雕”工具将图像应用到零件面。

将图像放到草图中时，边框将显示该图像的大小。可以调整图像大小，但无法改变图像的纵横比。图像的整体大小会更改，但比例不会更改。您可以使用尺寸与约束来定位图像边界。如果需要，可以使用关联菜单上的“特性”选项，来反向或旋转图像。

插入到草图中的图像可以来自 .doc、.xls 或“文件打开”对话框下拉列表中列出的任意图像类型。一些示例包括：

- 使用在图形程序中创建的 .bmp 文件插入纹理和图片。
- 使用 .doc 文件插入用于徽标或广告语的艺术字。
- 使用 .xls 文件插入用于说明、警告和注意的打印区域。

注：考生应能够辨明哪些格式文件能够插入草图进行应用。

10.2.7　将草图建立在其他零件的面上，以及切片观察和投影其边界

有时用于绘制草图的平面被几何图元遮挡。当“草图”工具处于激活状态时，可以使用关联菜单上的“切片观察”选项，暂时切除挡住草图平面的部分模型。

旋转模型，使用于绘制草图的平面面向用户。选择要用于绘制草图的平面，然后切开模型。面向用户的模型部分将被切掉，然后用户可以根据需要创建草图几何图元。

注：“切片观察”的快捷键为 F7。

通过将其他草图中的模型几何图元（边和顶点）、回路、工作特征或草图几何图元投影到激活草图平面上，可以创建参考几何图元。参考几何图元可用于约束其他草图几何图元，也可以直接在截面轮廓或路径草图中使用。

在部件中，当边与草图平面相交时，将部件剖视图切割的选定零部件的边投影到草图平面中。投影的几何图元不是关联的，并且在父几何图元移动或调整大小时不会更新。

作为参考几何图元，投影边、回路和顶点会随着源几何图元的更改而更新。如果需要，可使用“标准”工具栏上的“样式”工具将参考几何图元修改为常规几何图元。当几何图元修改为常规样式后，它不再随父几何图元更新，并可以独立进行编辑。

- “投影几何图元”工具可以将模型边、回路、顶点、工作轴、工作点或未退化的草图

几何图元投影到激活的草图平面。

- 在部件中，当模型边与草图平面相交，“投影剖切边”工具可以将零部件被剖切平面剖切出来的边投影到激活的草图平面中。投影的几何图元不是关联的，在父几何图元移动或调整大小时不会更新。

10.2.8 在草图和特征中应用参数和方程表达式

参数是指定给所创建的元素的值。当绘制草图和建立特征时，Inventor 为了控制元素将自动指定模型参数及其值，并存储在文件中的参数表中，如图 10-1 所示。比如草图的长宽、拉伸特征的距离、配合约束的数值等等。有了这些参数，就为在参数之间建立关系奠定了基础。

参数应用于草图特征的生成、造型特征的生成、装配约束的定义。

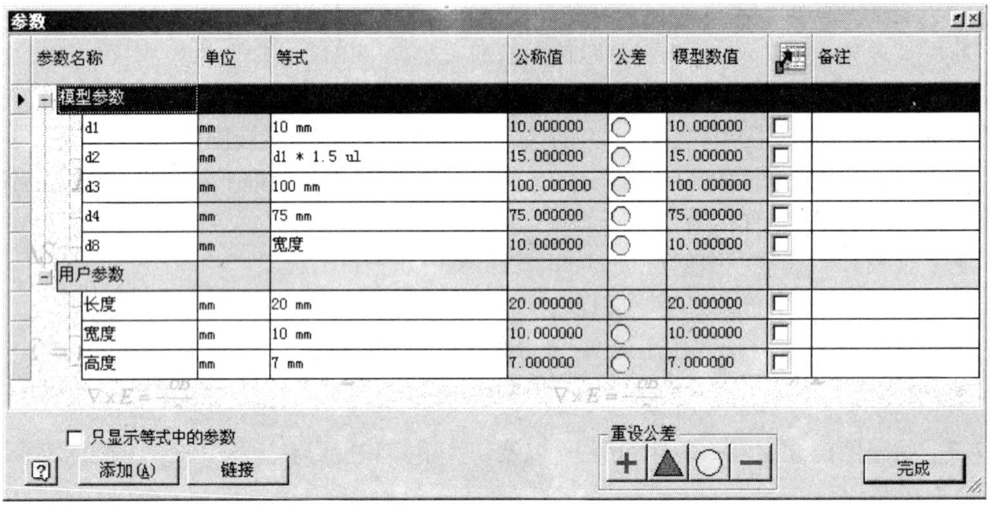

参数

参数名称	单位	等式	公称值	公差	模型数值		备注
模型参数							
d1	mm	10 mm	10.000000	○	10.000000	□	
d2	mm	d1 * 1.5 ul	15.000000	○	15.000000	□	
d3	mm	100 mm	100.000000	○	100.000000	□	
d4	mm	75 mm	75.000000	○	75.000000	□	
d8	mm	宽度	10.000000	○	10.000000	□	
用户参数							
长度	mm	20 mm	20.000000	○	20.000000	□	
宽度	mm	10 mm	10.000000	○	10.000000	□	
高度	mm	7 mm	7.000000	○	7.000000	□	

□ 只显示等式中的参数

? 添加(A) 链接 重设公差 + ▲ ○ − 完成

图 10-1 fx 参数列表

参数的类型：

模型参数，用户参数，参考参数。

- 模型参数：在造型过程中创建的参数，系统将自动定义其名称和值。
- 用户参数：显示在模型中用户定义的计算尺寸和特征的参数。要添加参数，可以单击“添加”按钮在表中添加新行，然后输入参数值或者等式。

模型中的每个参数都被冠以前缀“d”。这是一种被保护的名称。为了避免冲突，不要在自定义参数中定义这种参数。等式的形式包括常规的数学表达式，其中可以使用函数定义。

- 参考参数：在造型过程中添加了计算尺寸，系统将自动引用并生成相对应的参考参数。

使用参数：

- 在设计过程中输入尺寸约束时，在编辑的对话框中直接输入等式。

- 点击参数按钮打开参数表,在参数表格中编辑输入等式。可以重命名缺省参数,或者单击“添加”定义用户参数。
- 参数表中可以链接或者嵌入 Excel 创建参数电子表格。

创建电子表格:

数据项可以按行或者按列进行排列,但是必须按照正确的顺序:参数名称、值或等式、度量单位和备注(图 10-2)。

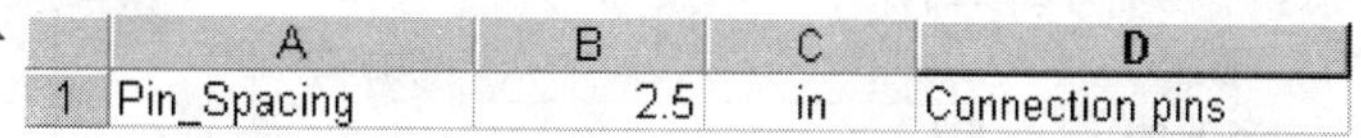

	A	B	C	D
1	Pin_Spacing	2.5	in	Connection pins

图 10-2　数据项排列格式

参数名称和值是必需的,其他选项是可选的。

如果没有指定参数的度量单位,当使用参数时会自动使用模型的缺省单位。要创建无单位的参数,在单位单元格中输入“UL”。

可以在电子表格中包括列、行的表头或者其他信息,但是它们必须位于包含参数定义的单元格区域外侧。

表格排列要连续,禁止有空行出现。

在任意零件或者模型中使用电子表格:

(1)在 Inventor 中打开模型文件。

(2)单击“标准”工具栏的“参数”按钮。

(3)在“参数”对话框中单击“链接”按钮,查找并选择文件。

(4)在“打开”对话框中,指定在电子表格中参数数据的起始单元格。

(5)选择“链接”或者“嵌入”。选择“链接”以便在激活模型中使用和编辑电子表格参数,而不会影响其他文件。

编辑电子表格:

不能在“参数”对话框中编辑电子表格的参数。对于被链接的电子表格文件,可以在 Microsoft Excel 中打开并进行编辑。在浏览器中,展开“附加信息”文件夹,双击电子表格,电子表格将在 Microsoft Excel 窗口中打开进行编辑。

注:在编辑框中,正确输入的方程表达式显示为黑色。无效或无法识别的语法显示为红色。

考生需记住单位约定、正确的代数运算顺序和运算符优先级。在所有表达式中,返回的单位类型必须与期望的单位类型一致。例如,扫掠长度为毫米、英寸、厘米或其他有效的长度单位。如果表达式返回的扫掠长度值中带有弧度单位,则会产生错误。

10.2.9　在草图和特征中使用零件尺寸公差

如图 10-3 所示,使用“尺寸特性”对话框,可以重设单个尺寸的公差或更改当前零件文档的尺寸公差默认值和精度显示。

注意:可以采用以下两种方式设置默认公差和精度显示:

- 分别在“文档设置”对话框的“默认公差”选项卡和“单位”选项卡中设置默认公差

和精度显示。

- 在“尺寸特性”对话框的“文档设置”选项卡中，设置默认公差和精度显示。
- 将在等轴测视图中创建的尺寸上显示“真实”，表明所显示的尺寸值是该特征的实际测量值。

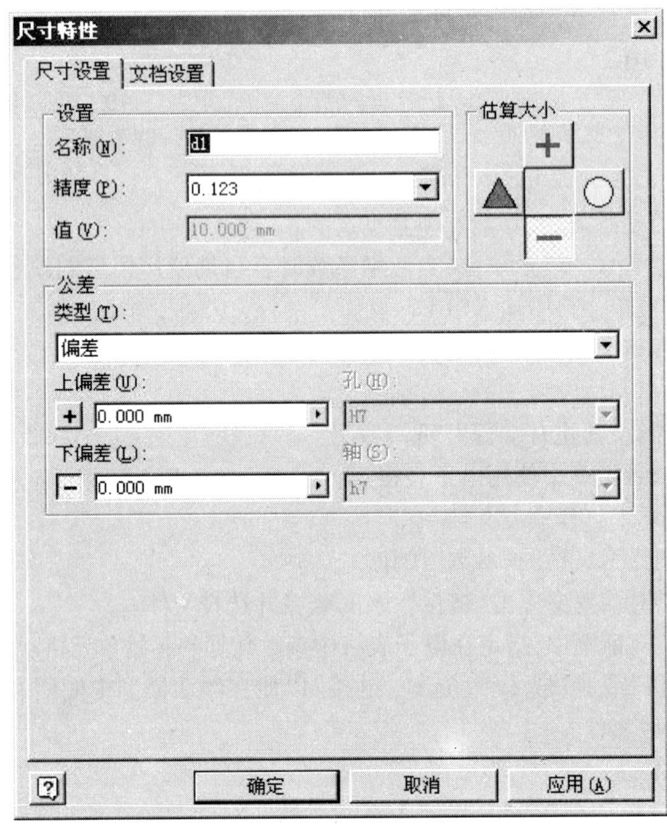

图 10-3　尺寸特性对话框

10.3　试题与答案

【例题 10-1】　在编辑样条曲线时，以下哪项要使用控制柄的选项来控制？

A. 完全张紧的样条曲线

B. 完全弯曲的样条曲线

C. 在样条曲线上的一段一段的点

D. 在多条样条曲线间产生连接的点

【答案】　C

【例题 10-2】　在编辑样条曲线的张力时，哪个数值可以创建最平坦的样条曲线？

A. 0

B. 1

C. 50

D. 100

【答案】 A

【例题 10-3】 在编辑样条曲线时,最多可以新插入多少个控制点?

A. 0

B. 1

C. 2

D. 无限制

【答案】 D

【例题 10-4】 一个共享草图可以创建多少个特征?

A. 1

B. 2

C. 3

D. 无限制

【答案】 D

【例题 10-5】 如何从现有的特征中共享草图?

A. 从草图工具面板中选择“共享草图”工具

B. 从零件特征工具面板中选择“共享草图”工具

C. 在浏览器中选择特征名,单击右键,然后选择“共享草图”

D. 在浏览器中选择特征的草图,单击右键,然后选择“共享草图”

【答案】 D

【例题 10-6】 什么几何约束可以相当于应用草图工具面板中的“镜像”工具?

A. 相等

B. 共线

C. 镜像

D. 对称

【答案】 D

第十一章　复杂零件建模

11.1　考试要求

(1)掌握创建加强筋和网格特征的方法。
(2)掌握创建三维草图的方法。
(3)掌握创建扫掠特征的方法。
(4)熟悉如何创建拔模斜度特征。
(5)熟悉如何创建放样特征。
(6)熟悉如何复制特征。
(7)了解如何使用文件特性。
(8)掌握改变零件表面的颜色的方法。

11.2　知识要点

11.2.1　掌握创建加强筋和网格特征的方法

使用开放的截面轮廓创建加强筋(封闭的薄壁支撑形状)和隔板(开放的薄壁支撑形状)。用户可以延伸截面轮廓使其与下一个面相交,即使截面轮廓与零件不相交,也可以指定一个深度。另外,还可以定义它的方向(以指定加强筋或隔板的形状)和厚度,如图 11-1 所示。

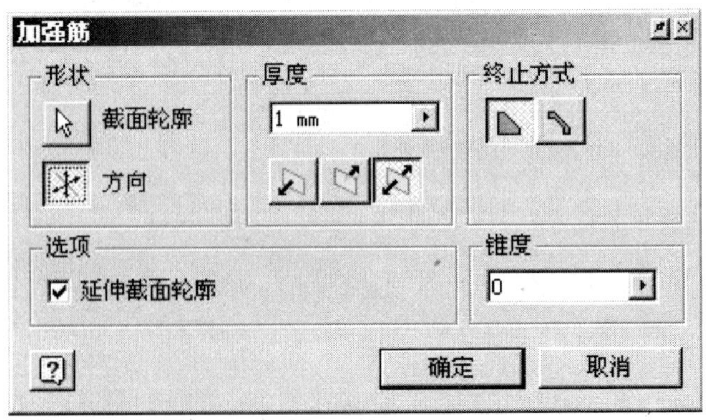

图 11-1　加强筋对话框

通过在截面轮廓中选择多个相交或不相交的草图几何图元,可以创建网状加强筋。整个网状加强筋应用相同的厚度。

注:考生需能够熟练使用鼠标引导加强筋生成方向。

11.2.2　掌握创建三维草图的方法

三维草图环境提供一种为三维扫掠特征创建路径的方法。三维扫掠特征在部件关联环境或单独的零件环境中定义诸如电线、电缆和管件的布线零件。

三维草图环境仅在零件文件中可用,因此如果您要在部件中创建三维扫掠,通常要创建新零件文件。一般情况下,可以在二维草图中创建一个截面轮廓,创建特征以提供引用顶点和所需的其他几何图元,在三维草图环境中创建路径,以便访问任意平面上的点。

单击"草图"工具栏上的"三维草图"工具,在三维环境中创建草图,如图 11-2 所示。

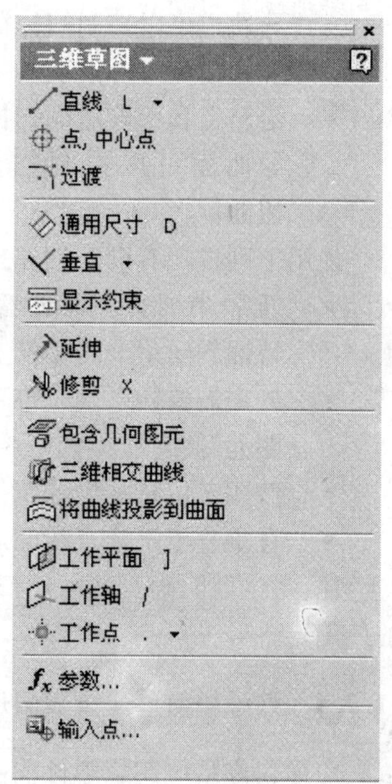

图 11-2　三维草图工具面板

(1)在标准工具栏上,单击"草图"按钮上的向下箭头,然后单击"三维草图"。

(2)在"三维草图"工具栏上,使用工具创建定位特征,或在浏览器中的原点工作平面和轴上单击鼠标右键,以打开可见性。

(3)如果合适,使用"包含"工具将二维草图几何图元投影到三维草图。包含的几何图元为黑色,以区别于原始的二维几何图元。

(4)根据需要,使用"三维草图"工具创建直线、样条曲线、折弯和约束。

(5)使用"尺寸"工具向三维草图几何图元和工作点添加尺寸。

(6)使用"约束"工具向三维草图几何图元添加约束。

(7)单击"返回"按钮结束草图绘制。

注:考生需关注"包含几何图元"、"三维相交曲线"和"将曲线投影到曲面"三个命令的意义,并能够灵活应用生成三维草图路径。

11.2.3　掌握创建扫掠特征的方法

通过沿选定的路径,扫掠一个或多个截面轮廓来创建特征。路径可以是开放回路,也可以是封闭回路,但是必须穿透截面轮廓平面。

在相交平面上,扫掠特征需要两个未退化的草图、一个截面轮廓和一条路径。可以将一个附加曲线或曲面选作引导轨道或引导曲面以控制截面轮廓比例和扭曲。

起点必须放置在截面轮廓和扫掠路径所在平面的相交处。通常,三维扫掠特征用于布线零件、电缆和电线部件环境中。它们的位置与已放置零部件的位置有关。

在零件环境中，单击“特征”工具栏上的“扫掠”工具；在部件环境中，单击“部件”工具栏上的“扫掠”工具来创建扫掠特征，如图 11-3 所示。

有三种方式可以创建扫掠。可以通过以下方式创建扫掠曲面：

- 沿路径扫掠截面轮廓。
- 沿路径和引导轨道扫掠截面轮廓。引导轨道可以控制扫掠截面轮廓的比例和扭曲。
- 沿路径和引导曲面扫掠截面轮廓。引导曲面可以控制扫掠截面轮廓的扭曲。

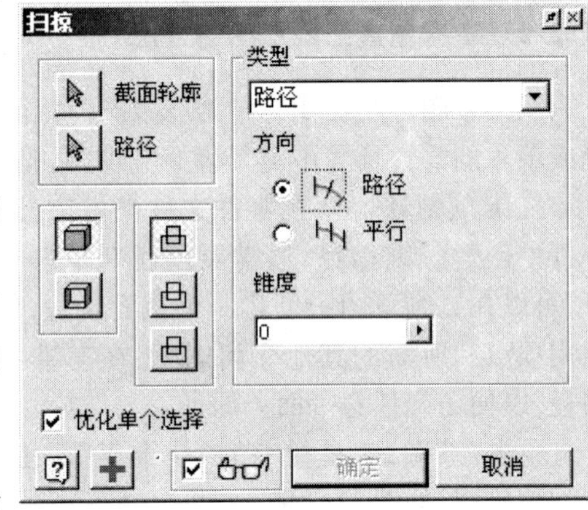

图 11-3　扫掠对话框

使用下列技巧有助于创建三维扫掠特征：

- 通常，在部件关联环境中，为三维扫掠特征创建单个的零件文件；
- 确定需要插入到三维草图中的现有零件上的几何图元（边界），使用“包含的几何图元”将它投影到三维草图中，形成三维路径的一部分；
- 使用定位特征中的工作点或者使用现有零件上的顶点作为三维直线的定位点；
- 在垂直于三维直线的起点的工作平面上创建截面轮廓草图。

注：考生需明确三种创建扫掠方式的意义和效果，掌握“路径”和“平行”两种方向控制的使用。

11.2.4　熟悉如何创建拔模斜度特征

拔模斜度是应用到零件面的斜角，使得零件可以从模具中取出，或者使零件可以有一个或多个倾斜的面。在为模具或铸造零件设计特征时，可以通过为拉伸或扫掠指定正的或负的扫掠斜角来应用拔模斜度。要给现有特征或单独的面添加拔模斜度，可以使用“拔模斜度”工具，如图 11-4 所示。

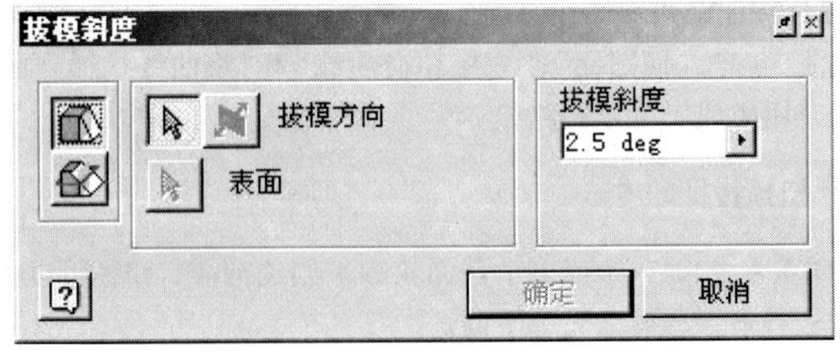

图 11-4　拔模斜度对话框

向面应用拔模时，拔模方向与固定边、面或平面之间的关系将决定操作的结果。可以选择边或轴来指定开模方向。

注:考生应能够区分“固定边”和“固定平面”两种拔模模式的不同。

11.2.5　熟悉如何创建放样特征

放样特征是通过在多个截面轮廓或零件面之间过渡创建的(图 11-5)。这些截面轮廓在“放样”特征中称为截面。截面可以是二维草图或三维草图中的曲线、模型边或面回路。放样形状可以通过轨道或中心线以及点映射来进一步优化,以控制形状并防止扭曲。对于开放放样,一个或两个终止截面可以是尖锐点或相切点。放样可用于生成实体或曲面体。

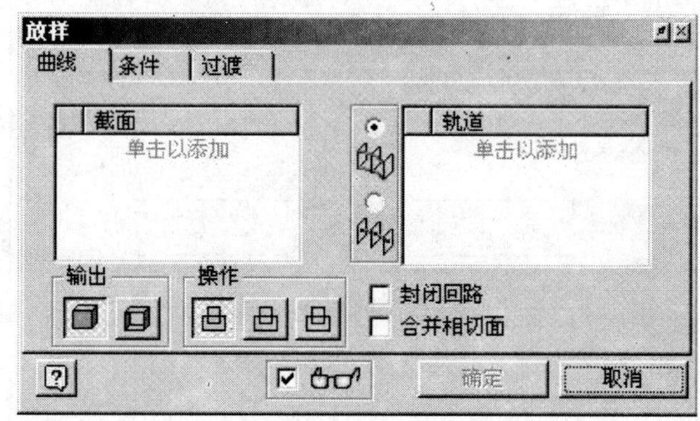

图 11-5　放样对话框

注:考生应能够熟练地以“轨道”或“中心线”方式创建放样特征,并能够使用“条件”选项卡和“过渡选项卡”对特征进行控制。

11.2.6　了解如何复制特征

可以在零件文件中复制与粘贴特征,或者在打开的零件文件之间用 Windows 剪贴板复制与粘贴特征。只能在零件造型环境中粘贴。复制和粘贴类似于创建和放置 iFeature,但具有以下区别:

- 默认情况下,不能复制从属特征。只有明确选择的特征才能被复制。
- 粘贴命令也允许粘贴复制的从属特征。
- Autodesk Inventor 用未处理的平面参照来定位特征。
- 与 iFeature 不同,新复制的特征是完全独立的。
- 如果复制粘贴阵列特征,那么父特征也会被粘贴。

11.2.7　了解如何使用文件特性

Autodesk Inventor 文件具有称为 iProperties 的特性。使用 iProperties 可以跟踪和管理文件,创建报告,以及自动更新部件 BOM 表、工程图明细表、标题栏和其他信息。

在新模型和工程图文件中,会自动设置编写器和零件代号 iProperties。

在 Autodesk Inventor 中打开文件后,您可以设置和查看其他 iProperties,还可以在 Microsoft Windows 资源管理器中的文件上单击鼠标右键以查看其 iProperties,或者使用设计助理在 Autodesk Inventor 之外使用文件。

要避免丢失未保存的修改,在使用设计助理修改 iProperties 之前,应始终保存打开的 Autodesk Inventor 文件。

注:如图 11-6 所示,考生应能够利用文件特性对话框中的“物理特性”选项卡设置零件材料,查询零件或部件的各项物理特性。

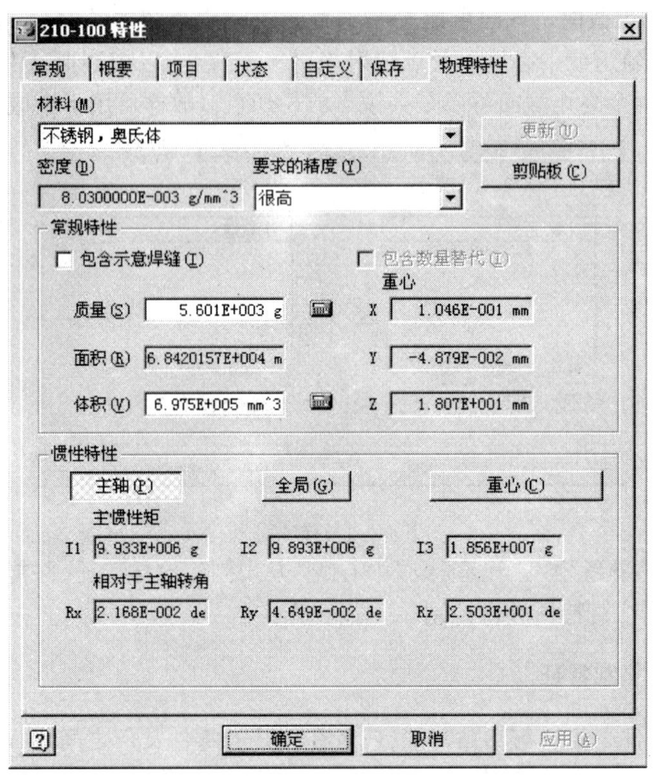

图 11-6 “物理特性”选项卡

11.2.8 掌握改变零件表面的颜色的方法

在 Inventor 中,用户可以指定选定零件面的颜色。替代零件颜色及选定面的特征颜色。在图形窗口中单击一个或多个面,单击鼠标右键,然后选择“特性”,可以:

- 设置选定面的颜色。单击向下箭头列出可用的颜色。
- 已改变的面颜色仅忽略带有应用纹理的特征的基础颜色。
- 在包含零件的多个引用的部件中,所有引用都随已改变的面颜色更新。
- 在特征阵列中,面颜色仅应用到所选的引用,而不应用到特征的所有引用。

注:选择模式设置为优先“选择面和边”将可以直接选择到面。

11.3 试题与答案

【例题 11-1】 创建一个扫掠特征时,最多可以有几个扫掠草图截面轮廓?

A. 1

B. 2
C. 3
D. 无限制

【答案】 A

【例题 11-2】 创建一个扫掠特征时,以下什么几何图元不可作为扫掠路径?
A. 草图上的圆
B. 草图上的椭圆
C. 草图上封闭的样条曲线
D. 未提取为草图图元的模型边界

【答案】 D

【例题 11-3】 三维草图所包含的几何图元不可以由什么几何对象直接创建?
A. 模型的几何边界
B. 二维草图图线
C. 两个曲面的交线
D. 工作轴

【答案】 D

【例题 11-4】 以下哪种方法,不能查看到零件的物理特性?
A. 关闭 Inventor,在 Windows 资源管理中,右键单击所选零件文件,在快捷菜单中选择“iproperties”
B. 在零件状态的浏览器的上部,右键单击零件图标,在快捷菜单中选择“iproperties”
C. 在零件状态的文件下拉菜单中,选择“iproperties”
D. 在装配状态浏览器中,右键单击零件图标,在快捷菜单中选择“特性”

【答案】 A

【例题 11-5】 怎样改变零件表面上的颜色?
A. 在格式菜单下选择颜色,再选择表面
B. 从标准工具条中的下拉菜单列表中,选择零件表面,并选择颜色
C. 在浏览器中,右键单击特征名,再在特征颜色式样下拉菜单列表中选择颜色,然后再选择零件表面
D. 选择零件表面,单击右键后,在快捷菜单中选择特性,然后再选择颜色式样

【答案】 D

【例题 11-6】 改变了零件表面上的颜色后,以下哪种说法是错误的?
A. 模型上每个面均可单独设置颜色

B. 在包含零件的多个引用的部件中,如果没有在部件中对零件设置颜色,所有引用都随着零件文件中已改变的面颜色而更新

C. 改变面颜色时,一次只能改变一个面的颜色

D. 在已有的特征阵列中,改变面颜色仅应用到所选的面,而不应用到阵列特征的所有面

【答案】 C

第十二章　复杂工程视图

12.1　考试要求

(1)掌握如何创建斜视图和剖面视图。
(2)掌握如何创建局部和打断视图。
(3)掌握如何创建局部剖视图。
(4)熟悉在视图中显示和参考工作特征。
(5)掌握草图视图所包含的内容。
(6)了解如何管理图纸。
(7)了解创建基线尺寸集标注。
(8)了解创建基准尺寸集和同基准尺寸标注。
(9)熟悉创建孔参数表标注的方法。
(10)了解在工程图中使用窗口和交叉选择的方法。
(11)掌握 DWG 文件的输出选项。
(12)了解应用明细表的行合并和替代功能。
(13)熟悉在工程图中应用标准零件的剖切选项。
(14)了解创建版本表和版本标志。
(15)了解工程图延时更新的功能。
(16)掌握在工程图中获取模型尺寸进行标注。

12.2　知识要点

本章要求考生能够应用工程视图工具,创建“斜视图”、“剖视图”、“局部视图”、“打断视图”、“局部剖视图”;了解管理视图,标注视图方法,以及明确“延迟更新”等选项或命令的使用及意义。

12.2.1　掌握如何创建斜视图和剖面视图

使用“工程视图”工具面板上的“斜视图”按钮,通过从父视图中的边或线投影来创建斜视图。斜视图将与父视图对齐。只能以与选定边或直线垂直或平行的对齐方式放置视图。

使用“工程视图”工具面板上的“剖视图”按钮,从指定的父视图创建全剖、半剖、阶梯剖或旋转剖视图。剖视图自动与其父视图对齐。

12.2.2 掌握如何创建局部和打断视图

使用“工程视图”工具面板上的“局部视图”按钮,可以创建并放置视图的指定部分的局部视图,并指定相对视图的任意比例。如果创建带轨迹的表达视图的局部视图,轨迹在视图中可见,但如果需要可以将其关闭。

注:Inventor 可生成圆形区域或者矩形区域的局部放大视图。

使用“工程视图”工具面板上的“打断视图”按钮,可以使用打断视图来打断和缩短任何已建立的视图。

注:打断样式设置有“矩形”和“构造”两种。

12.2.3 掌握如何创建局部剖视图

单击“工程视图”工具面板上的“局部剖视图”按钮,可以删除一定区域的材料,以显示现有工程视图中被遮挡的零件或特征。父视图必须与包含定义局部剖边界的截面轮廓的草图关联。

选择定义局部剖深度的方式。单击框旁边的箭头,然后从列表中选择“深度类型”。

- 自点:为局部剖的深度设置数值。
- 至草图:使用与其他视图关联的草图几何图元来定义局部剖的深度。
- 至孔:使用视图中孔特征的轴来定义局部剖的深度。
- 贯通零件:使用零件的厚度来定义局部剖的深度。

12.2.4 熟悉在视图中显示和参考工作特征。

用户可以在工程图视图中使用模型的定位特征来标识基准点、关联标注、指明中心线和中心标记以及其他标注任务。

创建视图时自动恢复定位特征:

放置工程视图时,可以恢复定位特征。

(1)单击“工程视图”工具面板上的“基础视图”按钮。

(2)在对话框中,选择模型文件、视图方向和其他设置。

(3)单击“选项”选项卡,然后选择“定位特征”。

恢复现有视图的定位特征:

如果视图在未恢复定位特征的情况下放置,则您可以使用“包含定位特征”来恢复定位特征。

(1)在浏览器或图形窗口中选择视图零部件。

(2)在零部件上单击鼠标右键,然后选择“包含定位特征”。

(3)在“包含定位特征”对话框中,指定要恢复的定位特征的配置:

- 在“恢复深度”中,指定是要从所选零部件中恢复定位特征,还是从浏览器装配层次中的零部件及其下所有内容中恢复定位特征。
- 在“状态”中,指定是要恢复可见定位特征、不可见定位特征,还是两者都恢复。

- 在“类型”中，选择要恢复的用户定位特征和原始定位特征。

(4)单击“确定”关闭对话框。

注意：如果需要，可以恢复单个定位特征。在浏览器中展开模型，在要恢复的定位特征上单击鼠标右键，然后选择“包含”。

更改视图中单个定位特征的可见性：

当您恢复工程视图中的定位特征时，无论其在零部件中的可见性设置如何，这些特征在工程视图中始终可见。

恢复工程图中的定位特征后，可以隐藏单个定位特征。

(1)在图形窗口或浏览器中选择定位特征。

(2)单击鼠标右键，选择“可见性”来清除复选标记以使定位特征不可见。

(3)若要显示不可见的定位特征，在浏览器中选择定位特征。单击鼠标右键，选择“可见性”以使定位特征再次可见。

注意：如果愿意，可以使用“显示隐藏的标注”来显示隐藏的定位特征。在视图上单击鼠标右键，然后选择“显示隐藏的标注”。在浏览器中，选择需要显示的定位特征、中心标记以及中心线，然后单击鼠标右键，选择“完成”或“全部显示”。如果选择“完成”，则仅所选定位特征可见；如果选择“全部显示”，则视图中的所有定位特征、中心标记以及中心线均可见。

从工程视图中排除定位特征：

恢复定位特征后，使用“包含”菜单选项，从工程图中排除定位特征中心线和中心标记。

注意：排除定位特征之后，包含它的唯一方法是使用“包含”。“包含定位特征”或“自动中心线”(用于恢复定位特征)将忽略排除的定位特征。

(1)在具有定位特征的模型工程视图中，或在浏览器中，单击以选择定位特征、中心标记或中心线。或者，按住 CTRL 键并单击多个定位特征来选择它们。

(2)单击鼠标右键，然后单击“包含”来清除复选标记。选择的定位特征会从工程图中排除。

12.2.5　掌握草图视图所包含的内容

用户可以向现有的工程图添加草图视图，或者使用包含 AutoCAD 数据的草图视图新建工程图；草图视图可以为“空”，因为其不需要模型表达，并且可以包含多个草图。与普通二维草图不同，草图视图或草图可以缩放。如果将草图中的几何图元复制到普通草图中，则复制的几何图元将以 1:1 的比例显示在普通草图中。

工程图草图可以包含文本和二维几何图元(例如直线和圆弧)。如果在激活“草图”工具时选择了工程视图，该草图将关联到视图上。如果未选择工程视图，则草图将与工程图纸相关联。

如果复制图纸或工程视图，关联的草图将随之移动。不能复制或移动独立于相关联图纸或视图的草图。

草图无法复制，但可以复制草图中的几何图元，并将其粘贴到另一个工程图中。

12.2.6　了解如何管理图纸

在创建完工程图后,常常很难正确判断哪些视图是必要的,那些视图的位置是适当的。当在工程图中标注尺寸和添加注释的时候,常常要移动视图。这些对于用户管理工程图来说都是很重要的。

对齐视图:

创建视图时,他们会自动地对齐所投影的父视图。为了提高图纸的利用率可以用"水平"、"竖直"、"在位"、"打断"四种方法改变原有的对齐方式重新对齐。

删除视图:

删除视图可以在视图和浏览器中的视图上点击鼠标右键,在快捷菜单中点击"删除"。

如果要删除一个父视图,系统将会提示是否删除相关视图。展开"删除视图"对话框,在删除那一栏点击"是"或"否"。

在图纸间复制视图:

可以把一个视图从一张图纸复制到另一张上面。在视图上点击右键,然后在快捷菜单上点击"复制",双击目标图纸,在空白区点击鼠标右键,在快捷菜单中点击粘贴。

图纸间移动视图:

在浏览器中,点击并拖动一个视图到目标图纸上。目标图纸自动激活了,所选的视图和相关连的尺寸及注释全部移动到目标图纸上。如图 12-1 所示。

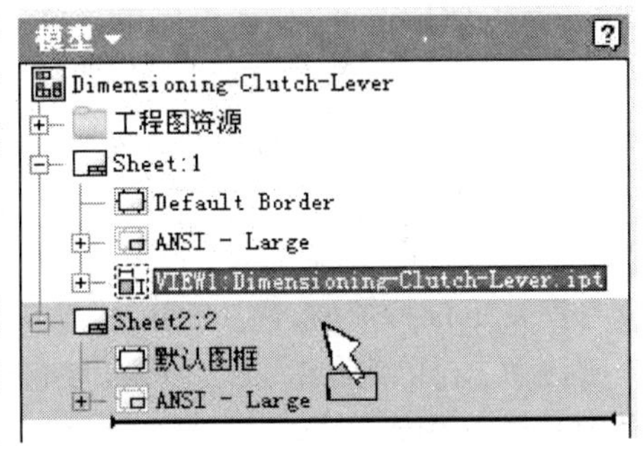

图 12-1　点击并拖动一个视图到目标图纸上

12.2.7　了解创建基线尺寸集标注

如果要自动向工程视图中添加多个尺寸,基线尺寸就很有用。用户可以指定一个基准,以此来计算尺寸,并选择要标注尺寸的几何图元。在"工程图标注面板"上,使用"基线尺寸"按钮向视图分别添加基线尺寸,或者使用"基线尺寸集"按钮添加尺寸集。

可以从"标准"工具栏上的"样式"列表中选择尺寸样式。如果要使用在"对象默认"中设置的尺寸样式,该样式将自动应用。

12.2.8　了解创建基准尺寸集和同基准尺寸标注

使用"工程图标注面板"上的坐标尺寸按钮可以向工程图添加两种坐标尺寸:坐标尺寸集(基准尺寸集)和单个的坐标尺寸(同基准尺寸)。单个坐标尺寸支持包含坐标尺寸输入 AutoCAD 工程图。

在对工程图添加坐标尺寸之前,可以创建或修改尺寸样式以确定坐标尺寸的属性。

放置尺寸时,尺寸会自动对齐。在尺寸文本重叠的情况下,您可能希望修改或创建新的尺寸样式。

12.2.9　熟悉创建孔参数表标注的方法

孔参数表包含有关选定工程视图中所有孔、选定孔或拉伸切割(除对称拉伸外)的信息。

向视图中添加孔参数表时,每个选定的孔将关联一个孔标志,并在参数表中添加一个相应的行。除单个孔外,孔参数表可以包含拉伸切割(除对称拉伸外)、iFeature 中的孔、阵列、中心标记和钣金展开模式。

如果在模型中添加或删除了孔,或修改了现有孔,则当工程图更新时,孔参数表也将更新。

使用"工程图标注面板"上的"孔参数表",按钮向工程视图中添加孔参数表。

注:可以在样式编辑器中设定孔参数表所标识的特征及孔类型。

12.2.10　了解在工程图中使用窗口和交叉选择的方法

可以使用以下两种方法在工程视图中选择多个对象:

- 窗口选择:单击并从左向右拖动,选择所有完全包围在选择窗口内几何图元。
- 交叉选择:单击并从右向左拖动,选择所有完全包围在选择窗口内以及与选择窗口边界相交的几何图元。

12.2.11　掌握 DWG 文件的输出选项

Autodesk Inventor 工程图文件可被保存为 AutoCAD 格式并用以生成 AutoCAD 工程图。

DWG 文件创建

AutoCAD 工程图 (DWG) 文件是根据用户在输出 Autodesk Inventor 工程图文件时设置的选项创建的。

- 如果工程图文件包含多张图纸,您可以选择输出所有图纸或逐个选择要输出的图纸。在每一张非最新的图纸、每一个非最新的零件和特征旁边都将显示"过时"图标,作为图纸及其内容的状态通告。
- 可以选择仅输出模型几何图元,还是输出所有数据。"输出模型几何图元"仅输出基础视图和投影视图,并且不会输出标注、尺寸、剖视图、局部视图、文本等。
- 几何图元可以按照其真实尺寸输出,而不考虑在"工程视图"对话框中设置的比例系数;也可以按照在"工程视图"对话框中设置的比例系数进行输出。
- 可以将工程图文件输出到模型空间或布局。输出到模型空间或布局时,将在工程图文件中为每张图纸创建一个新的 DWG 文件。

映射线型和标注:

将 Autodesk Inventor 工程图输出到 AutoCAD 或 AutoCAD Mechanical 文件时,可以将工程图中的线型映射到目标文件中的 AutoCAD 线型。

如果可能,转换器将比较两个文件中的定义,然后将默认映射设置为相应的匹配项。如果无法找到相应的匹配项,Autodesk Inventor 线样式将映射到 AutoCAD 的"连续"线型。可以使用“映射选项”对话框修改默认映射。

注意：LIN 文件（.LIN）中包含一个或多个 AutoCAD 线型定义。每个定义包含一个名称、一个描述和一组数字代码。每个定义占两行。第一行包含线型的名称和描述。第二行包含定义实际线型图案的数字代码。

可以将任何 LIN 文件用作 AutoCAD 线型的来源。要使用其他 LIN 文件，请单击“线型”对话框中的“浏览”按钮，查找并选择适当的文件。请注意，修改当前的 LIN 文件或再次选择当前的 LIN 文件，会导致 Autodesk Inventor 根据所选文件将线样式映射重设为默认值。

连续 AutoCAD 线型始终都可用，而无论当前 LIN 文件包含什么内容。

单击“重设默认值”按钮，将 Autodesk Inventor 重设为使用默认 LIN 文件和默认线样式映射。

可以选择将尺寸作为 AutoCAD 尺寸输出，或者将尺寸作为直线和文本输出。符号可以作为 AutoCAD 块输出，也可以作为直线和文本输出。

以 AutoCAD Mechanical 格式保存：

如果计算机中已经安装了 AutoCAD Mechanical，那么可以设置选项，以便使用与 AutoCAD Mechanical 兼容的格式来保存工程图。

按以下规则创建零件引用：

- 指定是否为部件中所有的零件或者是仅为第一层零件和子零部件创建零件参考。每一个零件参考的名称就是零部件的文件名。
- 为每一个在部件中引用的零件或零部件创建图层组。与零部件相关联的几何图元和标注放置在适当的图层组的图层中。
- 在 Autodesk Inventor 工程图中不可见的零件不创建零件引用。
- 如果在 Autodesk Inventor 工程图中有多个基础视图，那么第一张图纸中的第一个基础视图将被用作明细表信息的依据。

12.2.12 了解应用明细表的行合并和替代功能

允许将不同的零部件视为相同的零部件。例如，两个大小相同但所用材料不同的螺栓具有不同的零件代号，在列表中可将其编为一组。

在浏览器中的明细表上单击鼠标右键，然后选择“编辑明细表”。在“编辑明细表”对话框中，单击“行合并设置”按钮。

可以从“格式化列”对话框的“替换”选项卡中将明细表中的一个特性值替换为另一个特性值。

可以替换明细表中的值。替换后的单元将设置为“静态值”，并且不随着明细表源文件中值的更改而更新。替换后的值在“编辑明细表”对话框中显示为蓝色粗体文本。

使用“将项目替代项保存到 BOM 表”命令可以将明细表中的更改项保存回部件的 BOM 表。

12.2.13 熟悉在工程图中应用标准零件的剖切选项

如图 12-2 所示，在“工程视图”的“视图选项”选项卡中，可以控制标准零件在部件的剖切视图中的显示方式。在默认情况下，将选中“遵从浏览器设置”，可以将此设置更改为“始终”或“从未”。

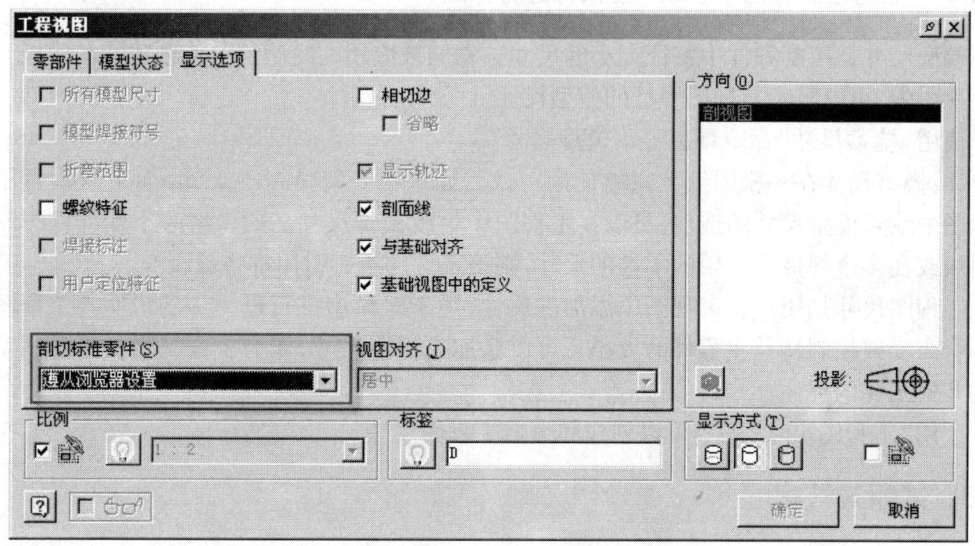

图 12-2 “剖切标准零件”选项

- 从未剖切：即使在浏览器中打开“剖切”选项，也不会剖切标准零件。
- 始终剖切：即使在浏览器中关闭“剖切”选项，剖切标准零件。
- 遵从浏览器设置：默认为浏览器设置。将浏览器中可见的当前“剖切”选项设置用于部件视图。此剖切选项仅适用于部件视图。

注意：对于零件视图，此设置禁用。

12.2.14 了解创建版本表和版本标志

使用“工程图标注面板”上的“版本表”，在工程图纸上放置版本表。可以更改文本样式、线样式、文本格式，可以从表中添加行和添加或删除列。保存于模板中的版本表可用于基于模板的新工程图，而不会影响现有工程图。

使用“工程图标注面板”上的“版本标签”工具可以将带有（或不带有）版本表的版本标签添加到图纸上。如果存在版本表，版本标签将自动使用版本表最后一行的版本号。

12.2.15 了解工程图延时更新的功能

处理模型时，关联的工程图将自动更新。通过在“文件打开选项”对话框中选中“延迟更新”，可以将工程图设置为延迟自动更新，直到用户打开工程图前更改它的更新状态。也可以在工程图文件中访问“文档设置”对话框中的“延时更新”设置。

注：

(1)在浏览器中,“过时”图标显示在视图或明细表条目的旁边,以指示此视图或明细表条目以及与之关联的所有文件已过时。

(2)当工程图文件设置为延迟更新时,浏览器中将显示“延迟更新”图标。

12.2.16 掌握在工程图中获取模型尺寸进行标注

模型尺寸是控制零件中特征大小的尺寸。它们被应用在绘制草图或创建特征阶段。在工程视图中,可以显示与视图平行的模型尺寸。

使用“检索尺寸”命令可以显示模型尺寸。

注:模型尺寸在一张图纸上只能使用一次。如果在安装 Autodesk Inventor 时设置了在工程图中编辑模型尺寸的选项,可以在工程图中更改模型尺寸。如果修改了在部件中有多个引用或在多个部件中使用的零件的尺寸,则该零件的所有引用都将被改变。

工程图尺寸是用户在工程图中添加的尺寸,用于对模型进行进一步的说明。工程图尺寸不会改变或控制特征或零件的大小。可以添加工程图尺寸,作为工程视图或工程图草图中的几何图元的标注。

使用“工程图尺寸”工具可以创建和编辑工程图尺寸。

12.3 试题与答案

【例题 12-1】 为了创建一个斜视图,必须要在父视图中选择什么?

A. 在“. idw”中创建的草图线

B. “ . ipt”中的工作轴

C. “. ipt”中的工作平面

D. 所选视图中的边界线

【答案】 D

【例题 12-2】 在绘制剖切线条时,按下哪个键使自动约束功能不起作用?

A. Alt

B. Ctrl

C. Shift

D. Tab

【答案】 B

【例题 12-3】 下面哪个视图不能用剖视图创建?

A. 阶梯剖

B. 局部剖

C. 旋转剖

D. 半剖

【答案】 B

【例题 12-4】 以下哪项工作特征不能在视图中使用?
A. 固定工作点
B. 与视图平行的工作平面
C. 不可见工作特征
D. 装配模型中的工作特征

【答案】 C

【例题 12-5】 如何创建一个不与父视图对齐的剖视图?
A. 在放置剖视图时,按住 ALT 键
B. 在放置剖视图时,按住 CTRL 键
C. 直接将剖视图拖动到一个新位置
D. 不可以。剖视图必须与父视图对齐

【答案】 B

【例题 12-6】 在创建局部视图时,单击鼠标右键后,还可以选择什么视图区域的选项?
A. 圆形区域
B. 矩形区域
C. 不规则区域
D. 多边形区域

【答案】 B

【例题 12-7】 以下什么视图,不可以创建打断视图?
A. 草图视图
B. 投影视图
C. 剖视图
D. 基础视图

【答案】 A

【例题 12-8】 当工作在工程图“延时更新”打开状态时,如何关闭延时更新?
A. 从“工程视图”工具面板上,选择“延时更新”
B. 在“文档设置”对话框的工程图选项卡中,选择去除“延时更新”复选框
C. 在浏览器中右键单击图纸名,然后从快捷菜单中选择“延时更新”
D. 在图形窗口中右键单击基础视图,然后从快捷菜单中选择“延时更新”

【答案】 B

【例题 12-9】 在工程视图中如何进行交叉选择?

A. 用鼠标点击一点,然后按下“C”键

B. 用鼠标点击一点,然后往左拖动指针

C. 用鼠标点击一点,然后往右拖动指针

D. 单击鼠标右键,在快捷菜单中选择“交叉”

【答案】 B

【例题 12-10】 在工程视图中如何进行窗口选择?

A. 用鼠标点击一点,然后按下“C”键

B. 用鼠标点击一点,然后往左拖动指针

C. 用鼠标点击一点,然后往右拖动指针

D. 单击鼠标右键,在快捷菜单中选择“窗口”

【答案】 C

【例题 12-11】 当从“IDW”文件输出“DWG”文件时,选择什么选项仅输出几何对象?

A. 排除注释

B. 仅模型几何图元

C. 仅对象

D. 仅零件几何模型

【答案】 B

第十三章　复杂装配建模

13.1　考试要求

(1)掌握在装配模型中创建设计视图。

(2)掌握在装配模型中驱动装配约束进行产品运动模拟。

(3)了解在装配模型中替换零部件。

(4)掌握在装配模型中创建关联的、矩形和圆形的零部件阵列装配。

(5)熟悉在装配模型中创建装配特征。

(6)了解应用装配接触集合。

(7)熟悉镜像装配零部件。

(8)了解创建 iMates 的方法及其应用。

(9)了解创建 iMates 和转换现有的装配约束为 iMates 的方法。

(10)熟悉使用自适应草图和特征进行自适应设计的方法。

(11)了解标准件库使用和编辑方法。

(12)熟悉使用零部件选择工具。

13.2　知识要点

本章讲解在装配模型中创建设计视图、驱动约束、替换零部件、阵列和镜像零部件,应用装配集合,创建装配特征,自适应设计技巧,应用 iMate、零部件选择工具等复杂装配建模方面的考试要点。

13.2.1　掌握在装配模型中创建设计视图

设计视图表达保留部件显示配置,这样,在部件中工作时,可以通过名称调用它。

公用设计视图表达存储在部件文件中,只要打开部件就可以使用。公用设计视图表达是关联的,因此对零部件可见性所做的更改会反映在工程视图中。

专用设计视图表达存储在外部文件中,扩展名为 .idv。需要浏览到文件的位置并进行选择。专用设计视图表达不是关联的,因此,工程视图不反映对零部件可见性所做的更改。

设计视图表达捕获以下显示特性:

- 零部件可见性(可见或不可见)
- 草图和定位特征可见性(可见或不可见)
- 零部件选择状态(启用或未启用)

- 部件中应用的颜色和样式特征
- 缩放幅度
- 观察角度

在部件浏览器中,单击以展开“表达”文件夹,在“视图”节点上单击鼠标右键,然后单击“新建”或“编辑”,或者单击浏览器标题栏上的“设计视图表达”按钮。图 13-1 所示为“设计视图表达”对话框。

13.2.2　掌握在装配模型中驱动装配约束进行产品运动模拟

通过按步骤驱动约束来模拟机械运动。在约束了零部件后,可以使用“驱动约束”工具如图 13-2 所示,按增量改变约束值来制作动画。例如,可以从 0°～360°驱动角度约束来旋转零部件。“驱动约束”工具仅限于一个约束,但是可以通过使用“等式”工具来创建约束之间的代数关系来驱动其他的约束。

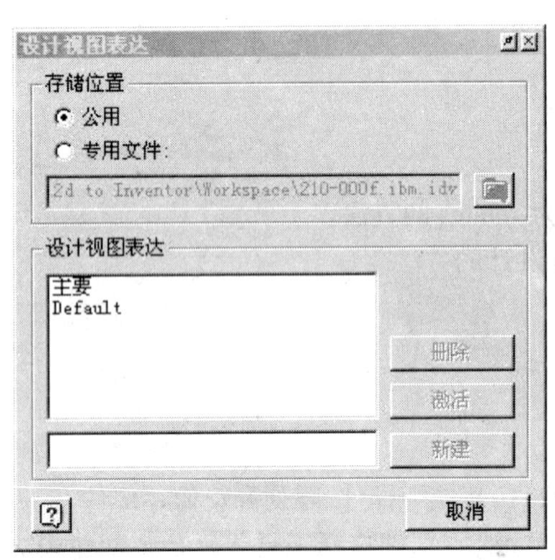

图 13-1　“设计视图表达”对话框

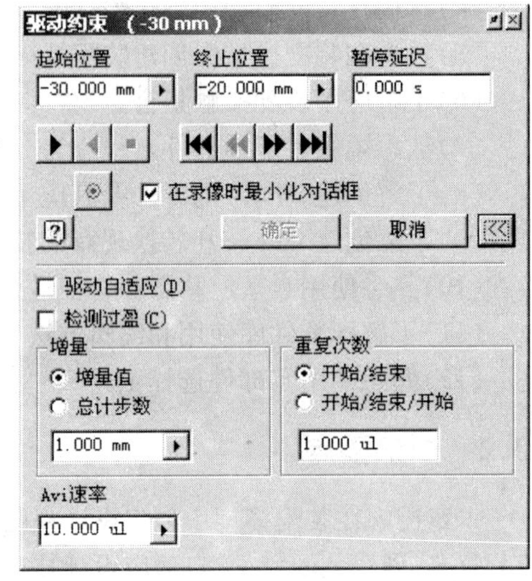

图 13-2　“驱动约束”对话框

也可以使用“驱动约束”来检测零部件是否发生碰撞。发生碰撞时,运动将停止,您可以调整零部件的位置。

注:考生需了解可以被驱动的装配约束的类型。

13.2.3　了解在装配模型中替换零部件

可以用其他零部件替换当前部件中的一个零部件或替换该零部件的所有引用。如果可能,将保留约束,除非替换零件具有不同的形状。如果是这样,某些约束可能不会再存在,必须重新应用约束。

单击“部件”工具栏上的“替换零部件”工具上的向下箭头,然后选择以下操作之一:

1. 单击“替换”工具,然后单击要替换的零部件。
2. 单击“全部替换”工具,然后单击某个零部件以替换当前部件中的所有引用。

13.2.4　掌握在装配模型中创建关联的、矩形和圆形的零部件阵列装配

创建零部件阵列如图 13-3 所示，可以使用以下三种方式：

（1）通过指定零部件的数量和它们之间的角度创建环形阵列。

（2）通过指定列和行的间距创建矩形阵列。

（3）通过匹配零件的阵列特征，创建关联的环形和矩形阵列。

阵列可以设置为与零件特征阵列相关联，这样更改特征阵列会在部件阵列中添加零部件或从中删除零部件。可以打开或关闭单个引用或所有引用的可见性。

只要约束或 iMate 包含在阵列中，它们便可保留下来。

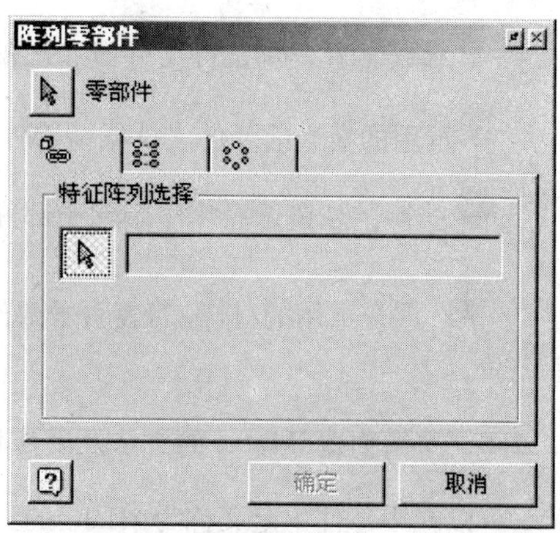

图 13-3　“零部件阵列”对话框

13.2.5　熟悉在装配模型中创建装配特征

部件特征与零件特征非常相似，不同之处在于部件特征能够影响多个零件，而且它们是在部件环境中创建的，保存在部件文件中。部件特征定义不会传递给零部件。

部件特征与零件特征的工作流和对话框均相同，但是不支持的操作控件将被禁用。部件特征包括倒角、圆角、扫掠、旋转、拉伸和孔。还包括用来创建它们的定位特征和草图。可以编辑、添加、抑制或删除装配特征。还可以回退部件特征的状态，添加和删除特征中参与的零部件。

注：考生需明确零件特征和装配特征的区别。

13.2.6　了解应用装配接触集合

接触识别器用于隔离接触集中的选定零部件，这样便可以确定零部件是否按照预期的方式进行机械运动。应用约束以根据需要定位零部件，并指定接触集中要包含的零部件，然后移动零部件或驱动约束来模拟操作。

激活接触识别器：单击“工具” > “激活接触识别器”。

在“工具” > “文档设置” > “造型”选项卡中可以设置接触识别类型。

13.2.7　熟悉镜像装配零部件

使用“镜像零部件”工具可以通过镜像平面镜像源部件及其零部件。可以镜像顶级部件、子部件或任何零部件。可以保存新的部件文件并在新窗口中打开它。它的名称与原名称相同，只是添加了一个默认后缀 _MIR。

如果愿意，可以重用零部件（而不创建新部件）并将镜像零部件添加到现有部件文

件中。

注:考生应明确如下镜像零部件状态的类型和意义

镜像的在当前部件文件或新部件文件中创建镜像的引用。

重用的在当前部件文件或新部件文件中创建新引用。

排除的从镜像操作中删除子部件或零件。

混合重用的/排除的表明子部件包含重用的和排除的零部件,或者重用的子部件不完整。

13.2.8 了解创建 iMates 的方法及其应用

可以在零部件中定义称为 iMate 的约束对,它告诉零件和子部件在插入到部件时如何连接。iMate 由显示 iMate 类型和状态的符号标识。在浏览器中,iMate 文件夹包含在文件中定义的所有 iMate 定义。

可以定义 iMate 组,称为组合 iMate。如果组中的所有约束在放置后与同名且包含相同数量成员的另一个组合 iMate 匹配,这些约束将被识别。

使用 iMate,可以在放置零部件时自动添加关键装配约束;Inventor 中有以下 5 种使用 iMate 放置装配零部件的方式:

(1)利用"使用 iMate"选项自动匹配 iMate;

(2)放置时预览 iMate 方案 ;

(3)使用 iMate 放置多个零部件;

(4)使用 Alt—拖动快捷键匹配 iMate;

(5)使用"约束"工具匹配 iMate。

注:考生应分别了解每种使用 iMate 放置装配零部件的方法,并能够根据不同情况选用合适的装配方法。

13.2.9 了解创建 iMates 和转换现有的装配约束为 iMates 的方法

创建 iMate 的方法:单击"部件"、"零件特征"、"钣金"或"焊接件装配"工具面板上的"创建 iMate"工具。

创建组合 iMate:在浏览器中,单击展开 iMate 文件夹。按下 Ctrl 键,然后单击每个要包含在组合 iMate 中的 iMate。单击鼠标右键,然后选择"创建组合"。

从现有约束类推 iMate 定义:在浏览器中,选择具有约束的零部件。单击鼠标右键,然后选择"类推 iMate"。如果选定零部件是同一零件(或部件)的多个放置之一,则需指明如何转换约束。

注意: iMate 定义不能从部件特征类推。

为现有特征类推 iMate 定义:可以在孔、旋转和圆拉伸零件和部件特征上类推 iMate。

类推的 iMate 定义仅放置在闭合回路中。在浏览器中,在特征上单击鼠标右键,然后选择“类推 iMate”。

13.2.10　熟悉使用自适应草图和特征进行自适应设计的方法

定义自适应类型:

(1)自适应草图

Inventor 中可以将草图定义为自适应,并且可以用草图代替零件,在装配环境中通过约束与其他的零件装配。这样做的好处是设计者不必进行实体造型,应用草图进行产品功能性的研究,从而缩短的产品的定型时间。

任何未标注尺寸的草图都可适应部件中固定的零部件装配尺寸和位置而调整自身的大小。

(2)自适应特征

在零件环境中将特征定义为自适应,可以实现特征尺寸的自主更改以满足装配的要求。

(3)自适应子部件

在部件中,可以指定子部件为自适应的。如果在子部件中的零件(以及特征)已经被指定为自适应,包含这个特征的子部件与其他几何图元约束时将产生自适应。可以从欠约束的零部件的上级部件的环境中拖动它们。

在部件文件中,在浏览器或图形窗口中选择零件或子部件,单击鼠标右键并选择“自适应”。

自适应定义的方法:

使用下列方法之一指定自适应状态:

指定零件的自适应参数:在零件文件中或当零件在部件文件中激活时,在浏览器中选择特征,单击鼠标右键并选择“特性”。在“特征特性”对话框中选择并指定草图、参数和“起始或终止面”为自适应的。

同时使特征的所有的参数自适应。在零件文件中创建特征后,在浏览器中右键单击特征,选择“自适应”。

注:在工具 > 选项中,可以在部件一栏中设置特征初始为自适应。

在向部件插入带有欠约束特征的零件后,将其指定为自适应。当将零件约束到固定几何图元上时,自适应特征将调整大小并改变形状。

注:考生需明确可以设置自适应草图的特点和特征的类型。

13.2.11　了解标准件库使用和编辑方法

资源中心库是一个预安装的零部件库,其中包含数千个可插入部件中的标准螺钉、螺栓、螺母、垫圈、销等。

使用“资源中心”对话框执行以下操作之一:

从资源中心打开;

从资源中心放置;

从资源中心放置特征；

放置 AutoDrop 零部件（仅 Autodesk Inventor 11.0 版本以上具有此功能）；

从资源中心替换；

工作流程概述。

首先，通过浏览类别或使用以下工具之一，查找资源中心库成员：搜寻、过滤器、收藏夹或历史。

双击找到的库成员，以访问“族”对话框。在“族”对话框中，选择合适的尺寸，然后单击“确定”或“应用”，以完成该操作。

使用 AutoDrop 自动测定标准件库的尺寸并放置该标准件库。AutoDrop 将自动询问要基于标准件族特征放置和测定尺寸的几何图元。将亮显能够支持所选族中的标准件的几何图元，且 AutoDrop 将预览建议的尺寸和放置。当用户将光标停留在目标几何图元上时，自动放置将动态更新预览，直到用户做出选择。选定目标几何图元后，将会显示工具，以帮助用户编辑或接受零件尺寸。在预览期间，可以使用夹点箭头手动调整零件尺寸。工具提示将提供尺寸的相关信息。

13.2.12 熟悉使用零部件选择工具

在部件中工作时，经常需要选择一组零部件以执行某个常用操作，例如关闭可见性、阵列和镜像等造型操作、创建工程视图以及确认哪些零部件欠约束。

可能需要根据大小、位置、与其他零部件的关系或其他标准来选择零部件。可以使用以上几种方法之一来选择零部件。如果需要，还可以反向选择的顺序，或恢复上一个选择集。可以通过关闭所有未选中零部件的可见性来隔离选择集。

零部件选择类型：

(1)零部件优先

将工具设置为选择完整的零部件。零部件可以是零件或是子部件。不能选择子部件中的子零件或零部件。

(2)零件优先

将工具设置为选择零件，这些零件可以是添加到部件中的单独的零件，也可以是子部件中的零部件。不能选择零件的特征或草图几何图元。

(3)特征优先

将工具设置为选择部件中任何零件上的特征（包括定位特征）。可以亮显并选择特征或用于定义特征的单独曲线。

(4)选择面和边

将工具设置为选择部件中任何零件上的面。同样可以亮显并选择面或用于定义面的单独曲线。

(5)选择草图特征

将工具设置为选择用于创建特征的草图几何图元。同样可以亮显并选择草图或用于定义草图的单独曲线。

(6)仅选择可见的零部件

在选择集中仅包含可见零部件。“仅选择可见的零部件”适用于所有选择方法。

(7)反向选择

反转选择集。取消当前选择,然后选择编辑目标中的其余零部件。

(8)上一选择

返回到上一个选择集。与“撤销”不同的是,不能重复使用此工具继续返回前面的选择。

(9)选择所有引用

选择当前文件中所选模型的所有引用。

(10)约束到

选择并亮显约束到一个或多个预选零部件的零部件。

(11)零部件大小

选择并亮显符合“按大小选择”框中设置的大小的零部件。大小将被显示出来,并由选定零部件的边框的对角点来确定。如果需要,请单击箭头选择一个零部件以测量其大小。选中相应的选项,以选择大于或小于零部件大小的零部件。也可以使用百分比,100% 表示最大的零部件大小。

(12)零部件偏移

选择并亮显包含在选定零部件的边框加上偏移距离范围内的零部件。可以在“按偏移选择”框中设置偏移距离,也可以单击并拖动某个面,以调整其大小。如果需要,请单击箭头以使用“测量”工具。选中此复选框,还将亮显被部分包含的零部件。

(13)球体偏移

选择并亮显位于选定零部件周围的球体内的零部件。可以在“按球体选择”框中设置球体大小,也可以单击并拖动球体边界,以调整其大小。如果需要,请单击箭头以使用“测量”工具。选中此复选框,还将亮显被部分包含的零部件。

(14)按平面选择

选择并亮显位于平面指定一侧的零部件。边界平面和侧边(方向)在“按平面选择”框中选择。选中此复选框,还将亮显被部分包含的零部件。

(15)外部零部件

选择并亮显外部零部件。设置“可见度百分比”选项以获得所需的精度。

(16)内部零部件

选择并亮显隐藏(内部)零部件。设置“可见度百分比”选项以获得所需的精度。

(17)照相机中的所有零部件

选择并亮显当前视图平面中所有“可见的”零部件。设置“可见度百分比”选项以获得所需的精度。

注:考生应熟练使用选择工具选择所需的零部件集。

13.3 试题与答案

【例题 13-1】 以下哪个不在将装配设计视图中保存?

A. 零部件的可见性

B. 零部件启用状态

C. 每个文件的特殊状态

D. 颜色样式和特性

【答案】 B

【例题 13-2】 装配设计视图专用文件的扩展名是什么?

A. .IAD

B. .IAM

C. .IDV

D. .IPN

【答案】 C

【例题 13-3】 以下哪个特性将在装配设计视图中保存?

A. 缩放幅度

B. 背景颜色

C. 装配约束状况

D. 各个零件的位置

【答案】 A

【例题 13-4】 以下哪个是专用装配设计视图表达的主要特点?

A. 专用设计视图表达不是关联的,因此在设计视图表达中所做的修改不会更新到工程视图中

B. 专用设计视图表达是关联的,因此在设计视图表达中所做的修改会更新到工程视图中

C. 专用设计视图表达保存了部件的显示配置,这样在部件上工作时,就可以通过专用设计视图表达来调用这些配置

D. 专用设计视图表达中不支持焊接件的分组级别和特征级别的回退

【答案】 C

【例题 13-5】 在按住"Alt"键拖拽零部件经过 iMate 附近时,装配中什么 iMate 的符号将显示出来?

A. 在装配中所有零部件的所有"iMate"

B. 在装配中同一层次的所有未退化的"iMate"

C. 在装配中同一或其他层次的所有已退化的"iMate"

D. 在装配中所有层次的所有未退化的"iMate"

【答案】 B

【例题 13-6】 当插入包含"iMates"的零部件到装配中时,哪个选项必需选择后,便能自动地装配这些零部件?

A. 使用 iMate

B. 自动配合

C. 捕捉

D. 合并

【答案】 A

【例题 13-7】 iMate 不能在什么环境中定义?

A. 零件或装配

B. 钣金

C. 焊接

D. 表达视图

【答案】 D

【例题 13-8】 哪个装配约束不能用于创建"iMates"?

A. 过渡

B. 配合

C. 对齐

D. 插入

【答案】 A

【例题 13-9】 如何将现有的装配约束转换为 iMate?

A. 在零件层次, 从工具菜单中选择"类推 iMates"选项

B. 在装配层次,从插入菜单中选择"类推 iMates"选项

C. 在装配中右键单击零部件,然后选择"类推 iMates"选项

D. 右键单击现有的装配约束,然后选择“类推 iMates”选项

【答案】 C

【例题 13-10】 右键单击所选择的一组单个 iMate 之后,使用什么选项可以将它们创建为复合的 iMate?

A. “类推 iMates”

B. “创建 iMate”

C. “降级 iMate”

D. “创建组合”

【答案】 D

第十四章　钣 金 设 计

14.1　考试要求

(1)掌握创建和使用钣金式样的方法。

(2)掌握使用钣金切割工具创建切割特征。

(3)熟悉钣金展开模式的使用方法。

(4)了解钣金冲压工具的使用方法。

(5)了解镜像钣金特征的应用。

14.2　知识要点

钣金设计是零件造型环境的延伸。钣金具有一致的厚度。就制造目的而言,像折弯半径和释压大小等细节通常在整个零件中都是相同的。钣金设计与零件造型的另一个不同之处为展开模式。钣金零件是用一块平板材料制作出来的,因此为了便于制造,有必要将翻折模型转变为展开模式。可以通过与翻折零件分离的窗口查看展开模式。

本章主要讲解在半径设计功能中 Inventor 认证考试所涉及的内容。

14.2.1　掌握创建和使用钣金式样的方法

创建钣金零件的方法有两种:

- 新建零件。单击"文件" > "新建",然后选择钣金模板。模板将采用材料厚度、折弯半径以及拐角释压等设置。使用草图工具创建截面轮廓,然后单击工具面板中的箭头并选择"钣金"。建议使用此方法。
- 创建常规零件,然后单击"应用" > "钣金"。零件将转变为钣金零件,并显示钣金工具面板。

钣金样式指定钣金零件的默认参数。创建或编辑钣金特征时可以修改"展开"、"折弯释压"和"拐角释压"选项,但所有其他设置必须在"钣金样式"对话框中修改(才能更改所有钣金特征的默认设置)。

使用"钣金特征"工具栏上的"钣金样式"工具可以管理钣金零件的样式,如图 14-1 所示。样式包括材料类型和材料厚度、折弯补偿、折弯参数和拐角释压参数。其中大多数参数适用于整个零件。可以忽略个别特征上的参数,例如折弯释压、拐角释压和展开方式。

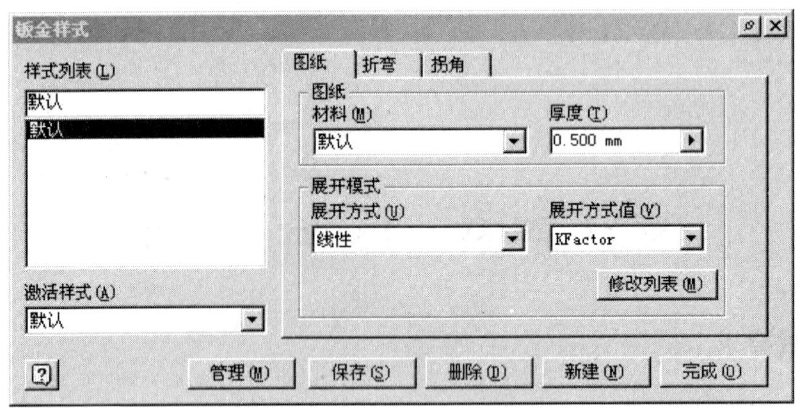

图 14-1 “钣金样式”设置对话框

14.2.2 掌握使用钣金切割工具创建切割特征

切割就是从钣金平板中删除材料。首先在钣金平板上绘制截面轮廓,然后切割一个或多个平板。可以使用 iFeature 创建冲压形状库。切割特征可以用于“设计元素”、“镜像”和“阵列”工具。

您可以指定切割距离,或指定切割终止于某个表面或工作平面。在部件中,终止面或工作平面可以位于其他零件上。

也可以跨钣金折弯创建切割,应用“修剪相交折弯”选项。Autodesk Inventor 将暂时展开钣金零件,以便在展开平面上绘制要切割的形状。切割会正确地在重新折起的零件上形成。

注:考生需熟练掌握创建跨钣金折弯切割的步骤。

14.2.3 熟悉钣金展开模式的使用方法

展开模式用于创建供制造使用的工程图。展开模式是钣金零件成型之前的形状。

展开模式与钣金零件分显示在不同的图形窗口中。创建展开模式后,可以排列窗口以同时查看零件和展开模式。

使用“展开模式”工具计算展开三维钣金模型所需的材料和布局并将其显示在单独的图形窗口中。可以重排零件窗口和展开模式窗口以便同时查看两个窗口。编辑三维模型时,展开模式将自动更新,但用户不能在展开模式窗口中编辑零件。

注:考生应了解不能在展开模式中展开的特征类型,并了解展开模式在工程视图中的应用。

14.2.4 了解钣金冲压工具的使用方法

使用钣金“冲压”工具可以在一次操作中放置冲压的多个引用。创建 iFeature 来表示冲压形状。在钣金零件上放置后,iFeature 在展开模式中将以三维形式显示。

用作冲压 iFeature 在放置草图中必须有一个未使用的中心(草图)点。“冲压”工具使用中心点来定位冲压。放置草图必须位于钣金平板的顶部或底部。

14.2.5　了解镜像钣金特征的应用

使用“镜像”或“凸缘”工具创建与现有面一样的 对称凸缘。

注意：要使用“凸缘”工具创建与现有凸缘一样的凸缘，您必须先创建第二个凸缘，然后再创建另一个不同形状的凸缘。

14.3　试题与答案

【例题 14-1】　在同一个钣金零件上可以应用几个钣金式样？

A. 1

B. 2

C. 3

D. 无限制

【答案】　A

【例题 14-2】　钣金式样保存在什么文件内？

A. .iam

B. .ide

C. .idw

D. .ipt

【答案】　D

【例题 14-3】　在钣金零件中插入冲压工具时，插入点必须是？

A. 工作点

B. 几何模型的圆心

C. 未退化草图的中心点

D. 模型的几何顶点

【答案】　C

【例题 14-4】　在钣金零件中插入冲压工具时，一次同时可以插入几个？

A. 1

B. 2

C. 3

D. 无限制

【答案】　D

【例题 14-5】　下面哪个平面，不能做镜像钣金特征的镜像平面？

A. 工作平面

B. 模型表面

C. 原始坐标系工作平面

D. 曲面平面

【答案】 D

第十五章　曲 面 建 模

15.1　考试要求

(1)熟悉创建曲面的方法。

(2)了解应用曲面和实体的一体化造型技术。

(3)熟悉使用曲面作为特征的终止面和模型的分割面。

(4)了解用曲面修剪其他曲面的方法。

15.2　知识要点

构造曲面提供了在创建拉伸、旋转、扫掠和放样零件时描述形状的方法。对于其中的每一种特征,都可以选择创建曲面而不是切割、添加或求交。

您可以使用开放或封闭的截面轮廓来创建曲面。然后,该曲面可以用作其他特征的终止面,也可以用作分割工具来创建分割零件。

本章主要介绍 Inventor 认证考试在使用曲面和实体进行混合造型,应用通用特征工具和曲面特征工具创建曲面,使用曲面作为特征的起止面和分割面等曲面创建和应用方面考核的内容。

15.2.1　熟悉创建曲面的方法

构造曲面提供了在创建拉伸、旋转、扫掠和放样零件时描述形状的方法。对于其中的每一种特征,都可以选择创建曲面而不是切割、添加或求交。

您可以使用开放或封闭的截面轮廓来创建曲面。然后,该曲面可以用作其他特征的终止面,也可以用作分割工具来创建分割零件。

15.2.2　了解应用曲面和实体的一体化造型技术

在“特征”工具栏上,可用来生成曲面的特征工具包括“旋转”、“放样”、“拉伸”、“扫掠”和“加厚”工具。使用的特征工具不同,创建曲面的相应要求也就不同。

构造曲面是从开放或封闭的截面轮廓创建的。使用“加厚”工具,通过偏移一个或多个曲面来创建构造曲面。以下为创建曲面的各种方式:

- 草图直线绕轴旋转而创建的旋转曲面。
- 通过两个闭合截面轮廓创建的放样曲面。
- 使用直线段拉伸指定的长度而创建的拉伸曲面。其中一处拐角使用了圆角。

- 包含直线和圆弧的截面轮廓沿圆弧扫掠而创建的扫掠曲面。
- 样条曲线绕轴旋转而创建的旋转曲面。

15.2.3 熟悉使用曲面作为特征的终止面和模型的分割面

曲面可以用作其他特征的终止面,也可以用作分割工具来创建分割零件。如果需要,可以使用多个构造曲面作为起始和终止平面。

使用“特征”工具栏上的“分割”工具分割零件并去除一侧。如果愿意,可以分割一个或多个面,然后在所选面上应用拔模。也可以分割曲面体上的一个或多个面。

创建一个零件,并且放置一个工作平面,或者在零件面或工作平面上绘制分模线作为分割平面。也可以将曲面体用作分割工具,如图 15-1 所示。

15.2.4 了解用曲面修剪其他曲面的方法

使用“零件”工具面板上的“修剪曲面”工具,通过选择切割工具和要删除的曲面区域来修剪曲面特征,如图 15-2 所示。

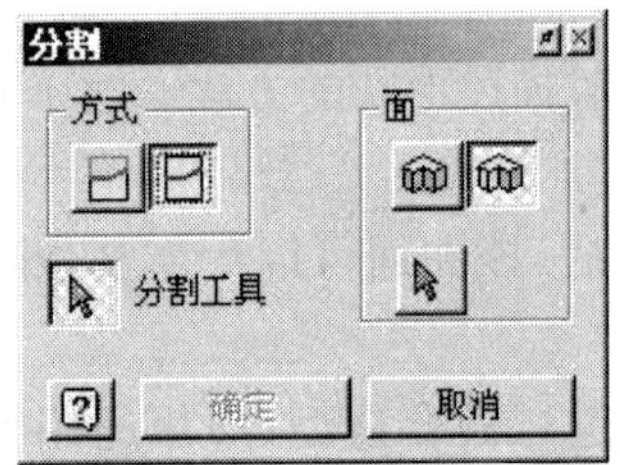

图 15-1 “分割”工具

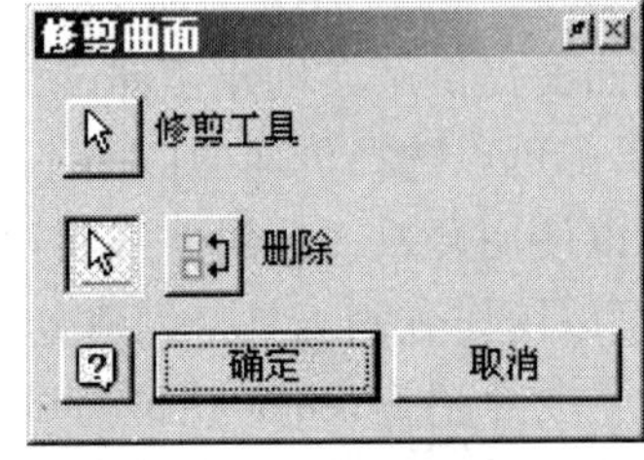

图 15-2 “修剪曲面”工具

切割工具包括:

- 曲面缝合。
- 单个零件面(来自零件实体或曲面实体)。
- 由二维草图曲线构成的单个不相交路径。
- 工作平面。

选定为没有与面完全相交的切割边的曲线将自动延伸。也将自动延伸不与曲面完全相交的曲面。

如果对切割工具或选择要修剪的曲面实体所做的编辑更改了切割工具与实体的相交方式,则将重新计算修剪。如果所做的编辑导致切割工具与初始选择集中没有的新曲面实体相交,则不修剪那些曲面实体。

15.3 试题与答案

【例题 15-1】 两张曲面之间必须满足什么条件,才能进行倒角或倒圆角?

A. 曲面必须在同一平面上

B. 曲面必须邻近并可能重叠

C. 曲面必须邻近并可能有间隙
D. 曲面必须邻近并有共同的边界

【答案】 D

【例题 15-2】 什么工具不能曲面模型中使用?
A. 拉伸
B. 放样
C. 旋转
D. 加强筋

【答案】 D

【例题 15-3】 使用曲面不能完成什么操作?
A. 作为凸雕特征的附着面
B. 作为拉伸的终止面
C. 作为零件的分割面
D. 作为替代零件现有的面

【答案】 A

【例题 15-4】 两张曲面之间必须满足什么条件,才能进行缝合?
A. 曲面必须相邻并有共同的边界
B. 曲面必须相邻并重叠
C. 曲面必须相邻近并有间隙
D. 曲面必须在同一平面上

【答案】 A

【例题 15-5】 使用曲面可以完成以下什么操作?
A. 作为偏移的基准面
B. 作为零件的分割面
C. 作为替代零件现有的面
D. 以上均可

【答案】 D

【例题 15-6】 曲面必须满足什么条件,才能替换实体面?
A. 在实体的上方
B. 与实体平行
C. 曲面投影区域大于需要替换的面
D. 曲面不能是构造曲面

【答案】 C

【例题 15-7】 用曲面分割零件必须具备什么条件?

A. 曲面必须是半透明的

B. 必须是构造曲面

C. 曲面必须触及或延伸超过零件的外部面

D. 曲面必须包含在零件外部面的内部

【答案】 C

第十六章　焊接设计

16.1　考试要求

(1)了解如何创建焊接件。

(2)熟悉焊接浏览器的使用。

(3)了解如何创建焊缝。

16.2　知识要点

本章主要介绍 Inventor 认证考试中焊接件设计部分所设计的考点。

16.2.1　了解如何创建焊接件

焊接件设计是部件装配环境的延伸。可以用两种方法创建焊接件:

- 启动新的焊接件。单击"文件" >"新建",然后选择焊接件模板。创建部件,向适当的焊接组中添加装配特征和焊接特征以形成焊接件。焊接件将作为单个单元运作。
- 创建常规部件,然后单击"应用程序" >"焊接件"。该部件将转换为焊接件,并提示用户设置要使用的标准,确定现有装配特征的放置方式(作为焊接准备特征或焊后加工特征),以及选择默认焊道材料。

焊接件由三个独立的焊接特征组组成:焊接准备、焊接和焊后加工;每个组代表制造过程中的一个特定阶段,在浏览器中用不同的图标表示。每个组中包含一个用于完成相应阶段的装配特征装配层次。

- 准备用于准备焊接模型的材料去除过程。倒角是典型的焊接准备装配特征。
- 焊接包含示意焊道和实体角焊道。焊缝特征只能存在于"焊接"特征组中。
- 加工表示焊后加工的材料去除过程。加工特征通常贯穿多个零部件。典型的加工装配特征包括拉伸切割和孔。

与零件特征一样,用于创建焊接件的焊接特征组是顺序相关的,因此不能删除或重排序。

一次只能激活一个焊接特征组。要激活焊接特征组,请在浏览器中双击其符号或名称。

注:考生需要了解在焊接准备、焊接和焊后加工三个阶段可以进行的操作及意义。

16.2.2 熟悉焊接浏览器的使用

使用焊接件浏览器隐藏或显示定位特征、笔记、文档和警告，也可以选择仅显示子项而不是整个焊接件装配树。

在焊接件装配树中，可以管理显示和编辑焊接件文件夹（例如“准备”、“焊接”和“加工”）的选项。一次只能激活一个焊接文件夹；所有其他项在浏览器中都暗显。

16.2.3 了解如何创建焊缝

Autodesk Inventor 中的焊缝特征包括示意焊缝、实体角焊和实体坡口焊。所有焊道类型均仅位于焊接特征组中。每种类型在浏览器中都有唯一的图标。

在焊接件部件中，使用“焊接件特征”工具面板上的工具创建“角焊缝”、“坡口焊缝”和“示意焊缝”。沿着选定面的长度创建间断角焊缝或连续角焊缝，或者使用坡口焊通过实体焊道连接两个面。

角焊缝（图 16-1）：考生需关注间断焊道的创建方式及终止方式的类型。

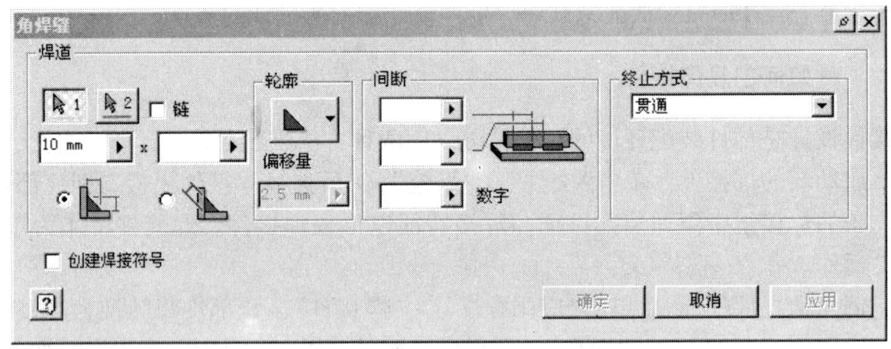

图 16-1 “角焊缝”对话框

坡口焊（图 16-2）：考生需关注选择集的使用方法及填充方式的应用。

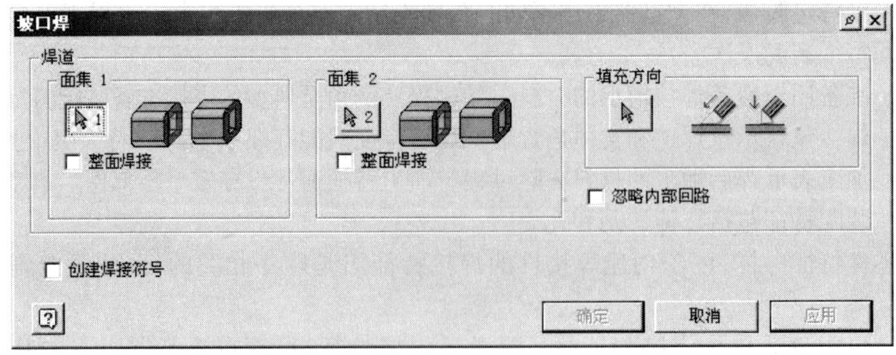

图 16-2 “坡口焊”对话框

示意焊缝（图 16-3）：考生需关注终止方式的应用及“面积”的设定及意义。

图 16-3　“示意焊缝”对话框

16.3　试题与答案

【例题 16-1】　当转换装配件为焊接件时,装配特征会发生什么变化?

A. 会转换为“iFeatures”

B. 将会被删除

C. 将会被放到下一零件层次中

D. 将会被转换成焊接准备或加工特征

【答案】　D

【例题 16-2】　焊接装配文件的扩展名是什么?

A. . IAM

B. . IAW

C. . IWE

D. . IWM

【答案】　A

【例题 16-3】　在 Inventor 中有几种方法用来创建焊接件?

A. 1

B. 2

C. 3

D. 4

【答案】　B

【例题 16-4】　零部件在焊接前后可以使用哪个特征进行加工?

A. 扫掠

B. 分割

C. 拔模斜度

D. 抽壳

【答案】 A

【例题 16-5】 零部件在焊接前后不可以使用哪个特征进行加工?

A. 打孔

B. 放样

C. 扫掠

D. 倒角

【答案】 B

【例题 16-6】 创建焊接件,除了采用新建时采用焊接模板,还可以用什么方法?

A. 衍生零部件的方法

B. 从 MDT 中导入

C. 将现有装配件转换为焊接件

D. 在装配文件中新建一个焊接件

【答案】 C

【例题 16-7】 在焊接浏览器中,“准备”选项的作用是什么?

A. 创建装配特征

B. 创建焊接特征

C. 创建焊接前的加工特征

D. 创建焊接后的加工特征

【答案】 C

第十七章　自动化设计技巧

17.1　考试要求

(1)了解如何创建和使用 iPart 工厂。

(2)了解如何创建和编辑 iFeature。

17.2　知识要点

Inventor 提供了一系列使用工具,用以提高产品设计的效率。包括:应用参数关联和参数表的 iPart、iFeature 等工具。本章主要介绍创建和使用 iPart 工厂和 iFeature 两部分的考试要点。

17.2.1　了解如何创建和使用 iPart 工厂

大多数设计师都有一些零件可能在尺寸、材料或其他变量上有所不同,但是同一个设计可以用于许多模型。可以将这些设计创建为 iPart,然后使用一个或多个变化形式。

单击"工具">"创建 iPart"以打开"iPart 编写器"。使用"iPart 编写器"来创建包含行(称为成员)的零件族,如图 17-1 所示。每个 iPart 变化形式都由表中的某一行定义。在部件中放置零件时,请根据需要选择行成员。

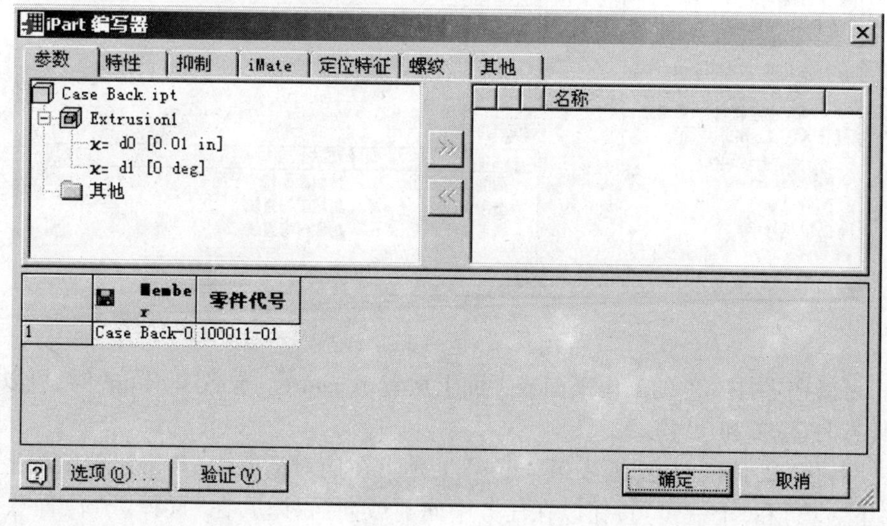

图 17-1　"iPart 编写器"

"iPart 编写器"中可以设置以下信息:

- 参数:使用"参数编辑器"来重命名参数、在参数之间建立表达式,并创建用户参数。
- 特性:以便可以包括信息(例如零件代号、库存编号以及材料)。您的 BOM 表和明细表会自动保持为最新。
- 螺纹:包括不同的螺纹族、规格、类别、方向以及管直径。
- iMate:指定应该包括或抑制哪一个、偏移值、匹配名和序列号。
- 定位特征:包括应该包括或排除哪一个以及可见性状态。
- 特征抑制状态:使用特征抑制,您可以在一个文件中包括单个零件的多个配置。例如,零件的一个配置可能具有切割而另一个则具有拉伸。

注:考生需要了解 iPart 零件的创建及应用的相关内容。

17.2.2 了解如何创建和编辑 iFeature

iFeature 是一个或多个可以保存并在其他设计中重用的特征。用户可以根据自己认为在其他设计中有用的草图特征创建 iFeature。草图特征的从属特征包含在 iFeature 中。创建 iFeature 并将其存储在目录中后,可以从 Windows 资源管理器将其拖动到零件文件中,或者通过使用"插入 iFeature"工具,在零件中放置 iFeature。

使用"工具"菜单上的"提取 iFeature"选项来提取草图特征并保存在目录中,如图 17-2 所示,以便今后使用。如果所选特征具有几何从属特征,则它们将会自动被选中,但用户也可以使用"创建 iFeature"对话框删除它们。要提取零件中的全部特征,请选择基础特征。选定草图可以是未退化的,也可以被某个特征退化。

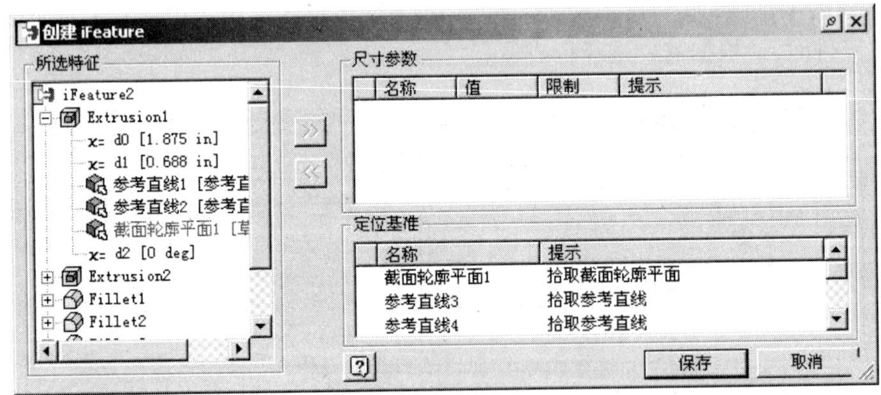

图 17-2 "创建 iFeature"对话框

用户可以在零件文件的工作平面或平面上放置 iFeature。放置 iFeature 时,可以根据需要修改其方向、位置和尺寸。

单击"特征"工具栏上的"插入 iFeature"工具。在该对话框中,单击树状结构上的任务或单击"下一步"和"上一步"按钮以在任务中向前或向后移动,在"选择"、"位置"、"尺寸"和"精确位置"四个控制页面下完成 iFeature 的插入。

17.3　试题与答案

【例题 17-1】　在一个装配中,可以同时装入几个属于同一 iPart 中不同规格的引用?

A. 1

B. 2

C. 3

D. 无限制

【答案】　D

【例题 17-2】　iPart 零件的后缀名是什么?

A. . ide

B. . idv

C. . ipt

D. . iam

【答案】　C

第十八章　并行协作设计技巧

18.1　考试要求

(1)了解 Inventor 多用户工作环境。

(2)了解并使用工程师记事本。

(3)熟悉打开旧版本的零件的选项。

(4)了解如何使用设计助理。

(5)熟悉如何输入 IGS、STEP 和 SAT 等文件。

(6)熟悉如何输入所选择的 AutoCAD 对象。

(7)熟悉如何编辑基础实体。

18.2　知识要点

本章主要介绍 Inventor 认证考试使用 Inventor 在多用户环境中工作,使用工程师记事本,使用设计助理,打开旧版本的文件,输入并编辑基础实体等内容方面所涉及的考试要点。

18.2.1　了解 Inventor 多用户工作环境

Autodesk Inventor 为并行设计提供了工具,使组成员能够共享设计数据并工作在同一个部件的环境中,同时还不会造成编辑冲突。

多用户工作环境工具包括:

- 项目编辑器,用于管理设计师所处理的项目,定义与某个项目关联的所有文件的位置,提供对关键项目位置的快速浏览,还可以在不打断跨文件引用的情况下简化与某项目相关联的文件夹的移动和复制操作。
- 文件状态浏览器,用于在共享和半隔离项目中显示项目中所有打开文件的状态,以及检入、检出文件以避免编辑冲突。
- 半隔离项目,用于将文件修改保存至个人工作空间中。在检入被编辑文件之前,其他设计团队成员无法看到这些修改。
- Autodesk Vault,安装之后它将把源文件与检出给设计师的文件隔离开来。将所作修改检入到 Vault 之后,其他设计者才能看到这些修改。数据库查询可以访问文件特性、引用和以前的配置。
- 工程师记事本,用于获取设计信息和其他笔记。
- 设计助理,用于跟踪和管理文件特性、文件之间的链接及有关 Autodesk Inventor 文件的其他重要信息。

- Microsoft Windows NetMeeting,用于在交谈设置和电子白板中交换设计思想。

18.2.2 了解并使用工程师记事本

可以使用工程师记事本来创建笔记,并将它们作为模型的一部分存储。笔记可附着到模型中的边、草图、特征、零件或其他所选内容上。每个笔记都包含备注框和模型视图。工程师记事本可用来保存开发历史,或者为项目设计者提供备忘录。笔记可能包含设计策略、所得设计结论的理由、制造说明或者从测试或 FEA 计算中得到的信息。

向模型中添加第一个笔记时,就创建了记事本。可以向笔记中添加注释框或其他视图,也可以向记事本中添加更多的笔记。笔记还可以包含对外部文件(如电子表格、字处理文档、图形或音频文件)的链接。

创建工程师笔记的方法:

(1)在模型中,选择要创建笔记的特征或其他元素。

(2)单击鼠标右键并从菜单中选择"创建笔记"。

(3)在记事本页面的备注框中输入笔记。

18.2.3 熟悉打开旧版本的零件的选项

每次保存更改时,均会在工作空间中创建文件的新版本,而以前的版本则移至 OldVersions\ 文件夹中。引用此文件的其他设计人员看到的仍是此文件的旧版本,必须将文件重新检入到工作组位置(在半隔离项目中)或保存此文件(在共享项目中),并且刷新该部件的视图,他们才能看到新版本。

在需要时可以恢复以前的文件版本,但是无法恢复部件以前的状态。

OldVersions\ 中的文件用于:

- 对错误进行手动恢复或备份。
- 打开文件的早期版本以加载段。如果未找到文件的早期版本,将显示提示信息,您可以选择"浏览"或"取消":

浏览到 OldVersions\ 文件夹以查找此文件,打开旧版本的零件的选项包括:

■ 打开旧版本,不允许保存:打开旧版本。请记住,无法保存文件的旧版本。

■ 打开当前版本:打开当前版本。打开操作将重定向到当前版本。

■ 恢复旧版本,然后打开:恢复旧版本,然后打开它。如果其他人检出当前版本,此选项则不可用。

18.2.4 了解如何使用设计助理

设计助理是帮助用户查找、追踪和维护 Autodesk Inventor 文件以及相关文字处理、电子表格或文本文件的工具。可以基于文件之间的关系来执行搜索、创建文件报告以及处理 Autodesk Inventor 文件直接的链接。

可以从 Autodesk Inventor 或 Microsoft Windows 资源管理器打开设计助理。

可以使用设计助理:

- 设置设计特性

每个 Autodesk Inventor 文件都包含一组设计特性(iProperties),用户可以通过不同的方法使用它们。有一些特性(例如作者和创建日期等),会在文件创建时自动设置。其他特性(例如成本中心、主管或状态等)必须由用户专门设置。某些设计助理搜索选项可以使用设计特性来查找文件。也可以使用设计助理来设置设计特性,以及在文件之间复制设计特性。

注:如果激活的项目被设置为共享或半隔离,则不能编辑被其他人检出的文件的 iProperties,也不能编辑文件的工作组版本的 iProperties。

- 预览设计图像

可以选择"预览"来查看在设计助理的当前进程中打开的选定 Autodesk Inventor 文件的快速预览图像。

注:在 Autodesk Inventor 运行后,才可进行预览。

- 管理文件关系

使用设计助理管理器可以维护 Autodesk Inventor 文件之间的链接。有四种方法可以修改文件关系:重命名文件、修订文件、替换文件、创建产品配置。

注:无法管理半隔离项目、已发布文件、未检出的文件、文件的工作组副本和只读文件之间的链接。

18.2.5 熟悉如何输入 IGS、STEP 和 SAT 等文件

Autodesk Inventor 部件可以接受在其他 CAD 系统中创建的零部件。可以放置并约束 Mechanical Desktop (.dwg)、Pro/ENGINEER(.prt 或 .asm)、ACIS (.sat)、IGES(.igs、.ige 或 .iges)或 STEP(.ste、.stp 或 .step)文件。

在 Autodesk Inventor 中,可以打开 IGES 文件(创建新文件),将 IGES 文件输入到现有 Autodesk Inventor 零件文件中,或者将 IGES 实体作为零部件放置到部件中。

使用"文件" > "打开"并选择 IGES 或 STEP 文件后,单击"选项"按钮以设置输入选项。在"输入选项"对话框中,指定要输入的数据和其他要应用的条件。

当输入 SAT 文件时,设置文件的选项。如果输入的 SAT 文件包含部件,Autodesk Inventor 创建一个部件文件,并为 SAT 部件中的每个零件创建一个零件文件。

18.2.6 熟悉如何输入所选择的 AutoCAD 对象

可以使用下列方法将 DWG 和 DXF 文件输入到 Inventor 文件中:

- 在零件文件 (.ipt) 中:单击"二维草图"面板中的"插入 AutoCAD 文件"。
- 在部件文件 (.ipt) 中:单击"部件草图"面板中的"插入 AutoCAD 文件"。
- 在工程图文件 (.ipt) 中:单击"二维工程图"面板中的"插入 AutoCAD 文件"。

注意:使用"插入 AutoCAD 文件"命令输入的 AutoCAD 文件自动约束输入几何图元的端点。

向草图中输入 AutoCAD 文件时,其中的二维实体将转换成相应的 Autodesk Inventor 实

体，考生需了解其对应转换类型。

Autodesk Inventor 2008 支持直接使用复制粘贴将 DWG 或 DWF 文件中的几何图元复制至 Inventor 草图中。

18.2.7　熟悉如何编辑基础实体

基础实体是在其他 CAD 系统中创建并保存为 SAT 或 STEP 文件的模型。在 Autodesk Inventor 中可将基础实体作为固定大小的基础特征（文件中的第一个特征）打开。与 Autodesk Inventor 模型不同，用户不能访问用于创建基础实体的草图或特征。

在实体环境中，用户可以使用工具修改输入的基础实体。除了用作构造几何图元的定位特征。

在实体环境中可以执行：

- 定位用作构造几何图元的定位特征。
- 相对于工作平面或平面扩大或缩小基础实体。
- 非参数化地移动一个或多个面。
- 在保留用作截面轮廓的面的边之后，删除基础实体。
- 在调整基础实体尺寸时，可以使用“测量”和“精确输入”工具来输入值。
- 在更新基础实体以合并更改时，零件环境中添加的特征将被重置。

不能在实体环境中添加、修改或删除以下元素：

- 尺寸；
- 约束；
- 草图；
- 特征，除了定位特征。

18.3　习题与答案

【例题 18-1】　在工程师记事本的“备注”中，以下哪个对象插入后不能直接预览？

A. Inventor 模型文件

B. AVI 文件

C. WORD 文件

D. BMP 文件

【答案】　A

【例题 18-2】　在打开旧版本的零件文件时，应采用哪个选项？

A. 打开代理的几何模型

B. 创建一个衍生零件

C. 打开当前的版本

D. 创建新版本的零件

【答案】　C

【例题 18-3】 在打开旧版本的零件文件后,退出时 Inventor 会怎样?

A. 不存为新版本直接退出

B. 直接存为新版本后退出

C. 要保存为新版本后才能退出

D. 提示用户,是否要将旧版本文件保存为新版本文件

【答案】 A

【例题 18-4】 在打开旧版本的零件文件后,退出时 Inventor 会怎样?

A. 不存为新版本直接退出

B. 直接存为新版本后退出

C. 要保存为新版本后才能退出

D. 提示用户,是否要将旧版本文件保存为新版本文件

【答案】 A

【例题 18-5】 以下哪个工作不可以在设计助理中完成?

A. 查找零部件

B. 查找零部件的引用位置

C. 查询零部件的物理特性

D. 生成装配层次报告

【答案】 C

【例题 18-6】 通过 IGS 文件不可以输入什么模型?

A. 线框模型

B. STL 面

C. 实体模型

D. 被服曲面

【答案】 B

第十九章　模拟试卷

1. 如何让 Templates 文件夹中的文件夹,变成为自定义模板选项卡?

A. 将模板文件复制到该文件夹中

B. 在项目栏中的项目名称区域内单击右键,然后在快捷菜单中选择“浏览”,然后选择该文件夹

C. 在 Templates 文件夹中选择该文件夹,在右键菜单中选择“定义为模板选项卡”

D. 将该文件夹移动到 Samples 文件夹中

2. 以下哪个项目可以从 Inventor 2008 项目列表中删除?

A. samples

B. Default

C. Tube & Pipe Samples

D. tutorial_files

3. 当打开一个装配文件时，在搜索路径中哪个位置是最先被搜索的?

A. 库

B. 本地搜索

C. 工作组搜索路径

D. 工作空间

4. 打开装配文件时,如果在所定义的搜索路径中不能找到所需要的文件,Inventor 2008 将如何处理?

A. 在本地磁盘的根目录去寻找

B. 提示用户,由用户指定搜索路径或替换的文件名。

C. 在用户的“TEMP”目录下

D. 在 Autodesk Inventor 安装目录下去寻找

5. 采用“固定”约束完全固定草图轮廓,至少要有几个固定约束?

A. 0

B. 1

C. 2

D. 3

6. “平滑”约束不可以应用的对象是哪个?

A. 样条曲线和直线

B. 圆弧和椭圆弧

C. 样条曲线和椭圆

D. 样条曲线和样条曲线

7. 新建一个公制零件文件,按图 19-1 所示绘制草图轮廓和添加尺寸、约束。问该绿色填充区域的面积是多少?

A. 10839.074 mm^2

B. 10839.075 mm^2

C. 10839.076 mm^2

D. 10839.077 mm^2

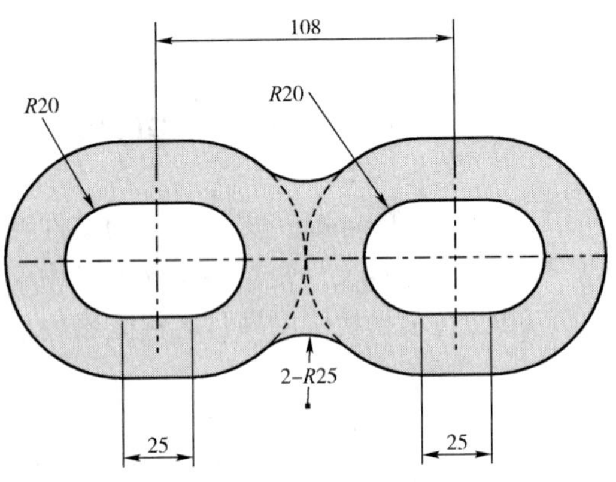

图 19-1

8. 怎样的工作轴不可以作为旋转特征的旋转轴?

A. 零件的原始工作轴

B. 在轮廓草图前定义的参数化工作轴

C. 在轮廓草图后定义的参数化工作轴

D. 用回转实体中心定义的参数化工作轴

9. 编辑草图特征时,以下哪种说法是正确的?

A. 采用编辑特征草图的方法可以给欠约束草图添加几何约束

B. Inventor 中只可以用编辑特征参数方法来编辑草图特征

C. 编辑草图特征,不可以重新选择截面轮廓

D. 全约束草图不能再添加尺寸

10. 抽壳特征是在模型上做怎样的操作?

A. 添加材料

B. 减去材料

C. 求交

D. 以上均有可能

11. 抽壳特征对话框中,哪个选项可以在不存在精确方式时,允许与指定的厚度有偏差?

A. 允许近似值

B. 优化

C. 指定公差

D. 中等

12. 应用"阵列"工具,可以单独阵列以下哪个特征?

A. 抽壳

B. 倒角

C. 圆角

D. 打孔

13. 应用“阵列”工具,可以单独阵列以下哪个特征?

A. 面分割

B. 拔模斜度

C. 拉伸

D. 圆角

14. 在 GB（MM）的图纸中,默认尺寸文本字体的大小是多少?

A. 3 mm

B. 3.5 mm

C. 4 mm

D. 5 mm

15. 如何创建一个钣金零件的展开视图?

A. 打开钣金零件,使用“基础视图”视图工具,在工程视图对话框中,选择钣金视图的展开模式

B. 打开钣金零件,使用“基础视图”视图工具,先创建钣金零件的原始模型作为基础视图,再在创建该基础视图的投影视图时创建钣金零件的展开视图

C. 打开钣金零件,使用“基础视图”视图工具,先创建钣金零件的原始模型作为基础视图,再创建一个钣金零件的基础视图时创建钣金零件的展开视图

D. 首先确保在钣金零件中已经创建了“展开模式”,然后工程图中使用“基础视图工具”,选择钣金视图的“展开模式”,创建展开视图

16. 在工程视图中,那个对象不可以应用“自动中心线”工具生成中心线?

A. 圆角特征

B. 旋转特征

C. 对称轮廓的拉伸特征

D. 拉伸的圆柱特征

17. 在工程视图中,那个对象不可以应用“自动中心线”工具生成中心线?

A. 孔特征

B. 钣金冲压特征

C. 拉伸的椭圆孔拉伸的正多边形孔

D. 钣金折弯特征

18. 怎样设置孔/螺纹尺寸标注的样式?

A. 选择已标注的“孔/螺纹尺寸”,单击右键,在其右键菜单中选择“编辑文本”

B. 选择已标注的“孔/螺纹尺寸”,单击右键,在其右键菜单中选择“编辑孔尺寸”

C. 在样式编辑中的指引线项中进行设置

D. 在样式编辑中的尺寸项的“注释和指引线”选项卡中进行设置

19. 应用工程图资源中的“图纸格式”可以进行什么操作?

A. 设置图框的格式

B. 设置图纸的大小

C. 设置图纸中视图的比例

D. 创建包含多个预设视图的图纸

20. 如何将 AutoCAD 文件的图形符号，插入到工程图中成为略图符号？

A. 在工具面板中选择“输入为略图符号”命令，然后选择 AutoCAD 文件

B. 在“文件”下拉菜单中选择输入略图符号

C. 在“插入”下拉菜单中选择“对象”

D. 直接用 Inventor 打开 DWG 文件，在输入选项中选择“符号”

21. 以下那个几何图元之间可以使用表面齐平约束？

A. 平面和直线边

B. 平面和点

C. 球面和球面

D. 平面和平面

22. 以下哪个是过渡约束的含义？

A. 指定零件的平面和另一个零件的一组相邻面之间的预定关系

B. 指定零件的表面和另一个零件的一组相邻面之间的预定关系

C. 指定球形零件面和另一个零件的一组相邻面之间的预定关系

D. 指定圆柱形零件面和另一个零件的一组相邻面之间的预定关系

23. 当装配约束和其他的装配约束冲突时，在浏览器中如何显示？

A. 红色小圆圈中间问号

B. 红色小圆圈中间惊叹号

C. 黄色小圆圈中间问号

D. 黄色小圆圈中间惊叹号

24. 如果一个特征被设置为自适应，那么在浏览器中将会如何显示？

A. 单个弧形箭头

B. 双弧形箭头

C. 左右双箭头

D. 上下双箭头

25. 在表达视图中在何处可以设置“自动分解”选项？

A. 在应用程序选项中的“表达视图”选项框中

B. 在表达视图编辑对话框中

C. 在创建视图时的“选择部件”对话框中

D. 在工具面板中选择“创建视图”命令，然后在“自动分解对话框”中进行设置

26. 在使用“调整零部件位置”工具时，鼠标指针变成如图 19-2 所示时，表示当前在进行何种操作？

A. 选择方向

B. 选择零件

C. 选择原点

D. 选择轨迹线

图　19-2

27. 如何精确调整表达视图环境中的观察方向？

A. 在工具面板中，选择“按增量旋转视图”工具，然后在“按增量旋转视图”对话框中进行调整

B. 使用视口“旋转”工具进行调整

C. 使用视口“旋转”工具，按住“Shift”进行调整

D. 按住鼠标中键进行调整

28. “引出序号”命令的功能是什么？

A. 为所有的视图中的多个零件引出序号

B. 为所选择的视图中所有的零件添加引出序号

C. 为所选择的视图中的多个零件添加引出序号

D. 为单个零件添加引出序号

29. 输出明细表时，可以保存为以下哪个类型的文件？

A. DOC

B. PPT

C. PDF

D. TXT

30. 如何设置某个零件视图中单独显示隐藏线？

A. 在图形窗口的视图中，右键单击该零件，然后在快捷菜单中选择“隐藏线”

B. 在浏览器剖视图下的装配树中，使其右键快捷菜单中的“可见”选项处于非选中状态

C. 在浏览器剖视图的父视图下的装配树中，在右键快捷菜单中的“隐藏线”选项处于选择状态

D. 在浏览器剖视图下的装配树中，使右键快捷菜单中的“隐藏线”选项处于选择状态

31. 在草图环境中，应用“Inventor 标准”工具条中的“中心点”工具，可以在那些几何点上放置中心点？

A. 直线中点

B. 圆弧中点

C. 样条曲线的所有控制点

D. 直线、圆弧、样条曲线的端点，圆和圆弧的圆心

32. 如何将草图中的尺寸转换为“计算尺寸”？

A. 在图形窗口选中尺寸，然后在“Inventor 标准”工具条上点击“计算尺寸”按钮

B. 在图形窗口选中尺寸，然后在其右键快捷菜单上选择“计算尺寸”

C. 在图形窗口选中尺寸，然后在“编辑”下拉菜单中选择“计算尺寸”

D. 在“Inventor 标准”工具条上点击“构造”按钮，然后在图形窗口选择几何图元

33. 如何删除共享草图？

A. 在图形窗口选中草图,然后按"Delete"键

B. 在浏览器中选中草图,在其右键菜单中选择"删除"

C. 不能删除"共享草图"

D. 首先删除由草图创建的所有特征,然后再删除草图

34. 以下有关共享草图说法,哪个是错误的?

A. 已创建 2 个以上特征的草图,将不能被取消共享

B. 共享草图可以重复使用无限次数,用来创建特征

C. 在浏览器中选择已退化的草图,单击右键,然后选择"共享草图"

D. 在浏览器中选择未退化的草图,单击右键,然后选择"共享草图"

35. 以下有关镜像草图几何图元的说法,哪个是错误的?

A. 做镜像操作时,必须有一条线形为中心线的镜像中心线

B. 做镜像操作时,必须有一条镜像中心线

C. 做镜像操作时,可以同时镜像多个几何图元

D. 做镜像操作时,不可以直接用工作轴作为镜像中心线

36. 以下有关草图对称工具的说法,哪个是正确的?

A. 草图对称工具不是几何约束

B. 首先选择对称中心线,再选择需要对称的几何图元

C. 首先选择一个需要对称的几何图元,再选择对称中心线,最后再选择另一个需要对称的几何图元

D. 首先选择两个需要对称的几何图元,最后再选择对称中心线

37. 在什么环境下可以使用"切片观察"选项?

A. 零件特征

B. 装配

C. 草图

D. 工程图

38. 以下哪个文件可以用来定义参数,并链接到 Inventor 零件中使用?

A. XLS

B. DOC

C. MDB

D. TXT

39. 在 Inventor 中,无量纲参数的符号是什么?

A. nl

B. ul

C. nI

D. uI

40. 在 Inventor 中,"ft"表示什么单位?

A. 英寸

B. 英尺

C. 英里

D. 海里

41. Inventor 的表达式中,哪个是错误的?

A. 51 in * (5 in + 2 in)

B. 5 in /cos(180 deg)

C. 3 ul * (12 in + cos(2 deg))

D. 3 + (50 mm + 2)

42. “插入图像”工具可以插入下列何种类型的文件?

A. TXT

B. DWF

C. GEOSPOT

D. PDF

43. “插入图像”工具可以插入下列何种类型的文件?

A. CALS1

B. PPT

C. STL

D. PDF

44. 以下哪个对象不能用来创建“加强筋”?

A. 二维草图圆弧

B. 二维草图直线

C. 二维草图椭圆

D. 三维草图曲线

45. 创建“加强筋”所指定的方向,不能是以下哪个方向?

A. 与轮廓所在的草图平行

B. 与轮廓所在的草图垂直向外

C. 与轮廓所在的草图成45°

D. 与轮廓所在的草图垂直向内

46. 在 Inventor 颜色设置时,选择何种纹理,会得到如图19-3 所示的结果?

A. Screen_2&

B. Screen_3&

C. Screen_4&

D. Screen_5&

图　19-3

47. 以下哪种几何特性不在零件的物理特性中查看?

A. 模型的惯性特性

B. 模型的体积

C. 模型的重量

D. 曲面的面积

48. 在 Inventor 中,以下哪种特征不能被复制?

A. 零件工作特征

B. 零件基础特征

C. 零件草图特征

D. 装配特征

49. 在 Inventor 中,复制特征时,以下哪种方法是错误的?

A. 复制特征时,可以单独复制放置特征

B. 复制特征一次可以复制多个相关的特征

C. 装配特征不能被复制

D. 复制特征可以在不同零件间进行

50. 以下哪种情况不能创建螺旋扫掠特征?

A. 螺旋中心轴与扫掠轮廓所在的平面平行

B. 螺旋中心轴在扫掠轮廓所在的平面内

C. 螺旋中心轴在扫掠轮廓平面内,并穿过扫掠轮廓

D. 螺旋中心轴与扫掠轮廓所在的平面垂直

51. 用螺旋扫掠所创建的螺纹与用螺纹工具所创建的螺纹的最大区别是什么?

A. 螺距不同

B. 公称直径不同

C. 用螺旋扫掠所创建的螺纹是真实的螺纹,而用螺纹工具所创建的螺纹只是一个螺纹贴图

D. 螺纹工具只能创建孔螺纹,而螺旋扫掠螺纹孔和轴均能创建

52. 以下父视图中的什么线段,可以作为确定斜视图投影方向的线段?

A. 草图直线

B. 投影直线

C. 投影圆弧线

D. 投影样条曲线

53. 如果要在视图中使用工作平面,那么工作平面必须满足什么条件?

A. 工作平面的法线与视图的法线平行

B. 工作平面的法线与视图的法线垂直

C. 工作平面在零件中是可见的

D. 不需要任何条件,工作平面均可以在视图中使用

54. 如果要在视图中使用工作轴,那么工作轴必须满足什么条件?

A. 与工作轴垂直的平面必须与视图平面平行

B. 与工作轴垂直的平面必须与视图平面垂直

C. 工作轴在零件中是可见的

D. 不需要任何条件,工作轴均可以在视图中使用

55. 在创建局部视图时,视图区域除了可以选择圆形外,还可以选择什么?

A. 椭圆形

B. 矩形

C. 不规则形状

D. 多边形

56. 如何编辑打断视图

A. 在图形窗口中选择打断视图,在其右键快捷菜单中选择“编辑视图”

B. 在浏览器中选择打断视图图标,在其右键快捷菜单中选择“编辑视图”

C. 在图形窗口中选择打断视图中的打断线,在其右键快捷菜单中选择“编辑打断”

D. 在图形窗口中选择打断视图中的打断线,在其右键快捷菜单中选择“编辑视图”

57. 草图视图与零件草图相比较,哪个命令工具是草图视图中特有的?

A. 插入 AutoCAD 文件

B. 填充/剖切线填充草图面域

C. 文本

D. 输入点

58. 图 19-4 所示的工具,可以用来创建什么?

A. 版本表

B. 明细表

C. 孔参数表

D. 表格

图 19-4

59. 以下哪个命令可以创建所选工程视图中所有孔的孔参数表?

A. 孔参数表—选择

B. 孔参数表—视图

C. 孔参数表—所选特征

D. 孔/螺纹尺寸

60. 如图 19-5 所示,可以在工程图中选中几条线条?

A. 5

B. 6

C. 7

D. 8

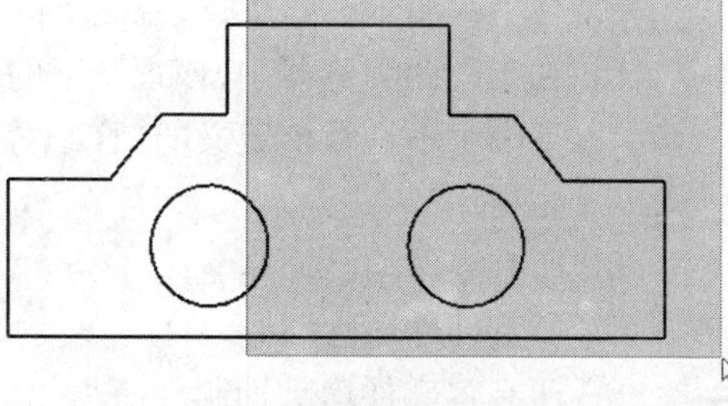

图 19-5

61. 如何将视图中获取模型的尺寸标注?

A. 在图形窗口中选中视图,在右键快捷菜单中选择“检索尺寸”

B. 在图形窗口中选中视图,在右键快捷菜单中的“标注可见性”下选择“模型尺寸”

C. 在图形窗口中选中视图,在右键快捷菜单中选择“获得模型尺寸”

D. 在图形窗口中选中视图,在右键快捷菜单中选择“显示隐藏标注”

62. 以下哪个几何图元之间不可以使用对准角度约束?

A. 平面和曲面

B. 直线边和直线边

C. 平面和平面

D. 平面和直线边

63. 当从“IDW”文件输出“DWG”文件时,如何选择,才能在输出的图纸中包含尺寸和注释?

A. 在“DWG 文件输出选项”对话框中,选择“添加注释”选项框

B. 在“DWG 文件输出选项”对话框中,去除“仅模型几何图元”选项框

C. 在“DWG 文件输出选项”对话框中,选择“所有对象”选项框

D. 在“DWG 文件输出选项”对话框中,去除“仅零件几何模型”选项框

64. 输出 Inventor 工程图中的明细表,不可以是以下哪个格式?

A. XSL

B. MDB

C. DOC

D. CSV

65. 输出 Inventor 工程图中的明细表,可以是以下哪个格式?

A. PDF

B. DBF

C. DAT

D. CAB

66. 如何设置,可以使装配剖切视图中某个零件不被剖切?

A. 在装配模型的浏览器中,设置该零件为“不启用”

B. 在装配模型的浏览器中,设置该零件为“不可见”

C. 在工程图浏览器中,该视图下的装配树下,去除零件的“可见”选项

D. 在工程图浏览器中,该视图下的装配树下,去除零件的“剖视图”选项

67. 以下哪个不是系统定义的“详细等级表达”?

A. 主要

B. 所有零件均已抑制

C. 所有部件均已抑制

D. 所有零部件均已抑制

68. 如何创建为组合的 iMate?

A. 选择的一组单个 iMate, 在其右键快捷菜单中单击“组合 iMates”

B. 选择的一组单个 iMate, 在其右键快捷菜单中单击“合并 iMates”

C. 选择的一组单个 iMate, 在其右键快捷菜单中单击“类推 iMates”

D. 选择的一组单个 iMate, 在其右键快捷菜单中单击“创建组合”

69. 以下哪个装配约束可以被驱动?

A. 转动-平动

B. 过渡

C. 转动

D. 相切

70. 在装配中阵列零部件时,该阵列可以与零件的什么相关联?

A. 工作点

B. 草图阵列

C. 镜像特征

D. 矩形阵列或环形阵列特征

71. 在装配中创建环形阵列装配时,阵列中心可以用以下什么对象来定义?

A. 两个工作平面的虚交线

B. 点到平面的虚垂直投影线

C. 模型的直线边界

D. 非直线或圆弧旋转曲面的中心线

72. 以下有关装配特征的草图的描述,哪个是错误的?

A. 装配特征草图可以放置在零件模型的工作平面上

B. 装配特征草图可以放置在零件模型的平面上

C. 装配特征草图可以放置在装配模型的原始工作平面上

D. 装配特征草图和零件特征草图一样可以共享

73. 使用装配特征草图可以创建以下哪个特征?

A. 放样

B. 螺旋扫掠

C. 移动面

D. 加厚/偏移面

74. 在镜像装配零部件时,如图 19-6 所示图标所表示的是什么?

A. 子部件包含重复使用的和排除的零部件

B. 该镜像的零部件是一个新的零部件

C. 该镜像零部件是原始零部件的一个引用

D. 在镜像操作中排除该子部件或零件

图 19-6

75. 有关镜像零部件的描述,以下哪个说法是正确的?

A. 镜像装配的中心可以是工作轴

B. 在装配中同一零部件只能镜像一次

C. 镜像装配的零部件可能产生新零部件

D. 镜像装配的对象只能是零件

76. 钣金模型文件的后缀是什么?

A. . iam

B. . ide

C. . idv

D. . ipt

77. 以下哪个不可以作为钣金零件中插入冲压工具的插入点?

A. 未退化草图中的线段的端点

B. 未退化草图中的线段的中点

C. 未退化草图中的圆弧的中心点

D. 未退化草图中的点,中心点

78. 以下哪个钣金特征,不能被展开?

A. 折弯

B. 凸缘

C. 翻折

D. 冲压

79. 如何正确地展开一个用零件特征所创建的圆锥型钣金零件?

A. 在工具面板中直接选择“展开模式”工具

B. 先图形窗口中选中圆锥模型的锥面,然后再在工具面板中选择“展开模式”工具

C. 先在浏览器中选中圆锥的旋转特征,然后再在工具面板中选择“展开模式”工具

D. 先在图形窗口中选中圆锥模型,然后再在工具面板中选择“展开模式”工具

80. 以下什么工具可以创建曲面特征?

A. 加强筋

B. 凸雕

C. 抽壳

D. 放样

81. 当转换装配件为焊接件时,可以选择哪些项目?

A. 焊接样式

B. 焊接方法

C. 焊接对象

D. 焊接材料和焊接标准

82. 图 19-7 中,框选的图标表示什么?

A. 焊接件

B. 装配件

C. 钣金件

D. 零件

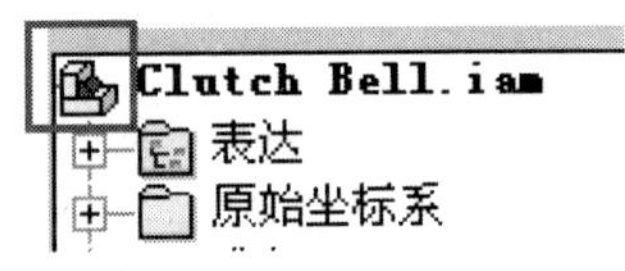

图 19-7

83. 零部件在焊接前后不可以使用哪个特征进行加工?

A. 拉伸

B. 抽壳

C. 旋转

D. 移动面

84. 以下哪个信息不包括在 ipart 中?

A. 参数

B. iFeature

C. 螺纹

D. imate

85. 以下哪个信息包括在 ipart 中?

A. 颜色

B. 体积

C. 特征抑制状态

D. 重心

86. 以下哪个是标准 ipart 的特点?

A. 不能修改某个单独标准 iPart 引用

B. 可以通过电子表格进行编辑

C. 可以创建多个版本

D. 可以直接插入到部件中

87. 以下哪个是自定义 ipart 的特点?

A. 可以在放置时修改指定参数

B. 可以通过电子表格进行编辑

C. 可以创建多个版本

D. 可以直接插入到部件中

88. 编辑草图特征时,以下哪种说法是错误的?

A. 采用编辑特征草图的方法可以给欠约束草图添加几何约束

B. Inventor 中可以用编辑特征参数和编辑特征草图的方法来编辑草图特征

C. 编辑草图特征,可以重新选择截面轮廓

D. 欠约束草图特征不能再添加约束

89. 编辑草图特征时,以下哪种说法是错误的?

A. 编辑草图特征,不可以改变终止方式

B. 采用编辑特征草图的方法可以给欠约束草图添加几何约束

C. 编辑特征草图时,可以重新绘制或修改截面轮廓

D. 编辑草图特征,可以重新选择截面轮廓

90. 表达视图的哪个视图中可以用编辑来“设置照相机”,以便播放时变换视口?

A. 装配视图

B. 设计视图

C. 顺序视图

D. 分解视图

91. 一个装配文件可以创建多少个表达视图?

A. 1

B. 2

C. 3

D. 无限制

92. 一个表达视图文件中,可以使用几个装配文件?

A. 1

B. 2

C. 3

D. 无限制

93. 在表达视图中可以通过哪种方式隐藏一段轨迹线?

A. 右键单击轨迹线,在右键菜单中选择“隐藏轨迹线”

B. 右键单击轨迹线,在右键菜单中选择去除“可见”复选框

C. 右键单击轨迹线,在右键菜单中选择“删除”

D. 选中轨迹线,在键盘中选择“Delete”键

94. 表达视图除了可以用来模拟零部件的装配过程外,还有什么作用?

A. 部件机构运动模拟

B. 设置零件的材料

C. 查询零部件的物理特性

D. 作为工程视图的基础模型

95. 在表达视图中可以通过哪种方式隐藏所选的整个轨迹线?

A. 右键单击轨迹线,在右键菜单中选择“隐藏轨迹线”

B. 右键单击轨迹线,在右键菜单中选择去除“可见”复选框

C. 右键单击轨迹线,在右键菜单中选择“删除”

D. 选中轨迹线,在键盘中选择“Delete”键

96. 在表达视图中,除了在播放动画的扩展选项的动画顺序中组合顺序外,还可以在用哪个来组合顺序?

A. 在分解视图中,选择需要组合的顺序,在右键菜单中选择“组合顺序”

B. 在顺序视图中,选择需要组合的顺序,在右键菜单中选择“组合顺序”

C. 在装配视图中,选择需要组合的顺序,在右键菜单中选择“组合顺序”

D. 在图形窗口中,选择需要组合顺序的位移轨迹线,在右键菜单中选择“组合顺序”

97. “自动引出序号”选项的功能是什么?

A. 将所有的视图中所有的零件引出序号

B. 将所选择的视图中所有的零件引出序号

C. 将所选择的视图中所有没有选择的零件引出序号

D. 将所有从属视图中的部分零件引出序号

98. 在工程视图的装配浏览器中,除了可以设置零部件的是否剖切外,还可以设置哪个?

A. 零部件的可见

B. 零部件的启用

C. 零部件的颜色

D. 零部件的消隐

99. 新建一个公制零件文件，如图 19-8 所示，先绘制长轴和短轴分别为 40mm、25mm 的椭圆，然后在椭圆中心绘制一个与椭圆边相切的正六边形，再绘制一个与正六边形外接的圆，问该圆的面积是多少？

A. 1420.261 mm^2

B. 1420.262 mm^2

C. 1420.263 mm^2

D. 1420.264 mm^2

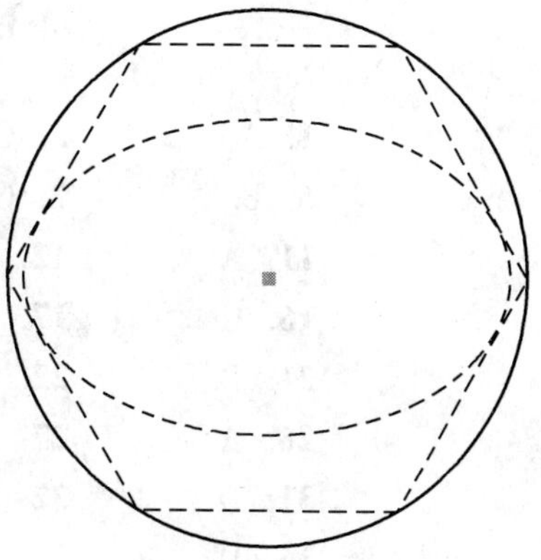

图　19-8

100. 新建一个公制零件文件，如图 19-9 所示的轮廓形状、尺寸和约束，绘制草图截面轮廓，问完成后草图外轮廓面积是多少？

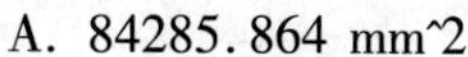

A. 84285.864 mm^2

B. 84285.865 mm^2

C. 84285.866 mm^2

D. 84285.867 mm^2

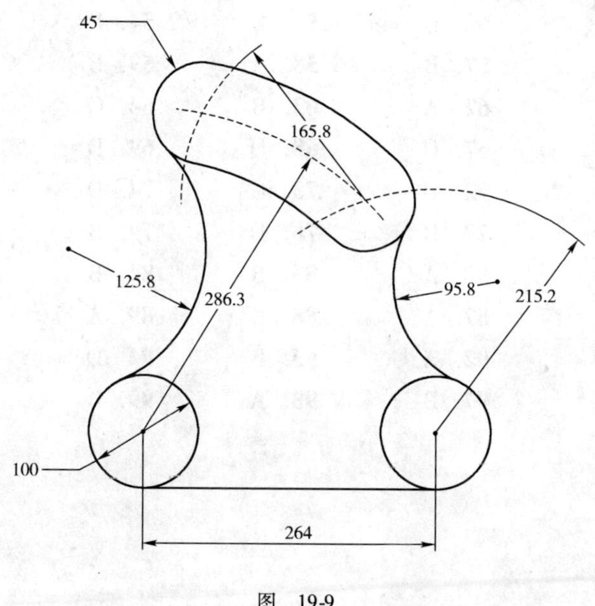

图　19-9

模拟试卷答案

1. A	**2**. C	**3**. A	**4**. B	**5**. B
6. B	**7**. C	**8**. A	**9**. A	**10**. B
11. A	**12**. D	**13**. C	**14**. B	**15**. D
16. C	**17**. C	**18**. D	**19**. D	**20**. D
21. D	**22**. D	**23**. D	**24**. B	**25**. D
26. A	**27**. A	**28**. D	**29**. D	**30**. D
31. D	**32**. A	**33**. D	**34**. D	**35**. A
36. D	**37**. C	**38**. A	**39**. B	**40**. B
41. C	**42**. C	**43**. A	**44**. D	**45**. D
46. D	**47**. D	**48**. D	**49**. A	**50**. C
51. C	**52**. B	**53**. B	**54**. D	**55**. B
56. C	**57**. B	**58**. A	**59**. B	**60**. B
61. A	**62**. A	**63**. B	**64**. C	**65**. B
66. D	**67**. C	**68**. D	**69**. D	**70**. D
71. C	**72**. D	**73**. C	**74**. D	**75**. C
76. D	**77**. B	**78**. D	**79**. B	**80**. D
81. D	**82**. A	**83**. B	**84**. B	**85**. C
86. A	**87**. A	**88**. D	**89**. A	**90**. C
91. D	**92**. A	**93**. B	**94**. D	**95**. A
96. B	**97**. B	**98**. A	**99**. B	**100**. C